10	11	12	13	14	1		族

周期

						₂He ヘリウム 4.003	1
			₅B ホウ素 10.81	₆C 炭素 12.01	₇N 窒素 14.01	₈O 酸素 16.00	₉F フッ素 19.00	₁₀Ne ネオン 20.18	2

$_5$B ホウ素 10.81 | $_6$C 炭素 12.01 | $_7$N 窒素 14.01 | $_8$O 酸素 16.00 | $_9$F フッ素 19.00 | $_{10}$Ne ネオン 20.18 — 2

$_{13}$Al アルミニウム 26.98 | $_{14}$Si ケイ素 28.09 | $_{15}$P リン 30.97 | $_{16}$S 硫黄 32.07 | $_{17}$Cl 塩素 35.45 | $_{18}$Ar アルゴン 39.95 — 3

$_{28}$Ni ニッケル 58.69 | $_{29}$Cu 銅 63.55 | $_{30}$Zn 亜鉛 65.38 | $_{31}$Ga ガリウム 69.72 | $_{32}$Ge ゲルマニウム 72.63 | $_{33}$As ヒ素 74.92 | $_{34}$Se セレン 78.97 | $_{35}$Br 臭素 79.90 | $_{36}$Kr クリプトン 83.80 — 4

$_{46}$Pd パラジウム 106.4 | $_{47}$Ag 銀 107.9 | $_{48}$Cd カドミウム 112.4 | $_{49}$In インジウム 114.8 | $_{50}$Sn スズ 118.7 | $_{51}$Sb アンチモン 121.8 | $_{52}$Te テルル 127.6 | $_{53}$I ヨウ素 126.9 | $_{54}$Xe キセノン 131.3 — 5

$_{78}$Pt 白金 195.1 | $_{79}$Au 金 197.0 | $_{80}$Hg 水銀 200.6 | $_{81}$Tl タリウム 204.4 | $_{82}$Pb 鉛 207.2 | $_{83}$Bi ビスマス 209.0 | $_{84}$Po ポロニウム 210 | $_{85}$At アスタチン 210 | $_{86}$Rn ラドン 222 — 6

$_{110}$Ds ダームスタチウム 281 | $_{111}$Rg レントゲニウム 280 | $_{112}$Cn コペルニシウム 285 | $_{113}$Nh ニホニウム 278 | $_{114}$Fl フレロビウム 289 | $_{115}$Mc モスコビウム 289 | $_{116}$Lv リバモリウム 293 | $_{117}$Ts テネシン 293 | $_{118}$Og オガネソン 294 — 7

—— 典型元素 ——

ハロゲン   貴(希)ガス

[大学受験] 実力講師シリーズ

岸の化学をはじめからていねいに［無機化学編］

東進ハイスクール・東進衛星予備校講師　岸 良祐

はじめに

本書は、「化学（無機化学）」の入門書として制作したものです。
無機化学をはじめて学習する人でも十分理解できるように詳しく説明しているので、
化学に苦手意識がある人も、ぜひ手に取ってみてくださいね。

無機化学は、物質の「性質」や「製法」など、覚えることが多い分野です。
そのため、教科書や参考書に載っている「表」や「まとめ」を
ただひたすら覚えようとしている受験生をよく見かけます。
しかし、そのような学習法では無機化学を得意分野にすることはできません。
確かに覚えることは大切ですが、まずは内容を**「理解すること」**が大切です。

例えば、硝酸HNO_3には、
「水溶液が**強酸**であり、また、**強い酸化力をもつ**」という性質があります。
「強酸」と「強い酸化力」は似たような言葉なので混乱しやすく、
そのまま暗記しようとしても
具体的なイメージが湧かず、すぐに忘れてしまうでしょう。

そこで、これについて少し説明してみますね。
強酸とは、**水溶液中で電離して水素イオンH^+を出しやすい物質**のことです。
一方、酸化力とは、**他の物質から電子e^-を奪う力**のことです。
硝酸は強い酸化力をもつため、
通常の酸には溶けにくい（イオン化傾向が小さい）銅Cuなどの金属を
溶かすことができます。
次ページの図のようなイメージですね。

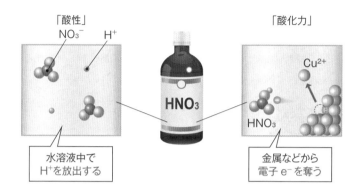

「酸性」
NO_3^-　H^+

「酸化力」
Cu^{2+}

HNO_3

HNO_3

水溶液中で
H^+を放出する

金属などから
電子 e^- を奪う

このように,「強酸」と「強い酸化力」は,全く別の意味です。

これらのことを具体的にイメージしたうえで,

「硝酸の水溶液は強酸であり,また,強い酸化力をもつ」

と覚えれば,しっかりと頭に残りますね。

そしてもう1つ無機化学の学習で大切なのは,**問題を解きながら覚えていくこと**です。

各章の本文を読んだら,すぐに章末の「一問一答」を解いてください。

最初は,本文を読み返しながら解いても構いません。

そうすることで,「どこを覚えることが大切なのか」が明確になります。

そのあと, **P**OINT の表などを利用しながら重要事項を頭に入れ,

本文を見ないでもう一度「一問一答」を解いてみましょう!

そのようにして,各章の内容がある程度頭に入ったら,

「確認問題」や問題集も活用し,実践的な問題を解いていきましょう!

無機化学はやればやるだけ点数に結びつく分野です!

皆さんの努力がそのまま点数に反映されるので,頑張ってくださいね!

最後に,本書の制作にあたり,編集者の河合桃子様をはじめ,

多くの皆様にご協力いただいたことに心より感謝いたします。

岸 良祐

本書の使い方

本書では，化学の「無機化学」の分野を全14章（Chapter 1 〜 Chapter 14）に分け，それぞれの章において，「授業」→（「一問一答」→）「確認テスト」という形式で，「はじめからていねいに」進めていきます。まずは，講義を受けているつもりで「授業」を読み進め，読み終わったら，すぐに「一問一答」を解き，「授業」の内容のどこが重要なのかを確認しましょう。ある程度「授業」

1 授業

▶岸先生がはじめからていねいに，わかりやすく授業を進めていきます。1つ1つ確実に理解していきましょう。

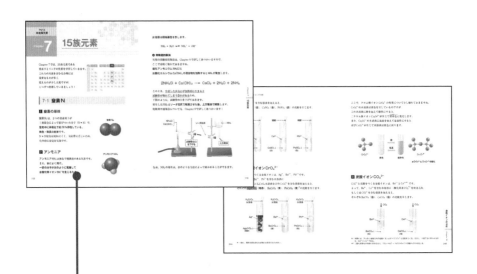

わかりやすい講義

▶「無機化学」の全分野を収録。「試験に出やすいところ」を中心に講義を進めていきます。

赤太字：多くの教科書にて太字で掲載された重要用語，または強調したい内容

黒太字：赤太字に次いで強調したい内容

下破線：注意してゆっくりと読んでほしい内容

の内容が覚えられたら，何も見ずに「確認テスト」を解いてみましょう（「一問一答」はChapter 5以降のみ）。化学を初めて学習する人でも，しっかりと理解ができ，力のつく内容になっているので，安心して読み進めていってください。

2 問題演習

▶「授業」で説明した内容がきちんと理解できているかを確認します。

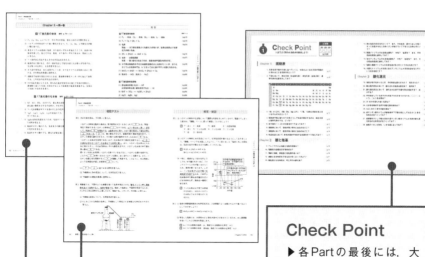

一問一答・確認テスト

▶左ページに問題，右ページに解答・解説を掲載。「一問一答」では，各Chapterの基本的な知識を問う問題を出題（Chapter 5以降のみ）。「確認テスト」では，さらに理解を深め，実践力を養うためのオリジナル問題を収録しました。

Check Point

▶各Partの最後には，大学入試で問われやすいポイントを確認できる「Check Point」を掲載。各設問の末尾に正解の根拠を確認できるページを掲載しているので，わからなかった問題については，「授業」に戻って，再度学び直しましょう。

目次

 Part 1

化学基礎の復習

 Part 2

非金属元素

Chapter **1**

周期表

「無機化学」の学習は，

物質の特徴や性質を覚えることが中心になります。

はじめの章では**周期表**（しゅうきひょう）を用いて，

物質を構成する元素の全体像を確認していきましょう！

1-1 元素の周期律と周期表

元素の原子番号は，原子核に含まれる陽子の数と一致します。

そして，**元素を原子番号の順に並べていくと，**

性質がよく似た元素が周期的に現れます。

例えば，価電子[◆1]の数や第一イオン化エネルギー[◆2]の値などがその例です。

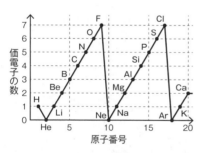

▲原子番号と価電子の数

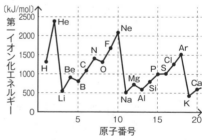

▲原子番号と第一イオン化エネルギー

このような元素の性質を，元素の**周期律**（しゅうきりつ）といいます。

周期律にもとづいて，

◆1 価電子とは，原子の最外殻にある，化学結合に関する電子のこと。原子の化学的性質は価電子の数によって決まる。

◆2 第一イオン化エネルギーとは，原子から1個の電子を取り除き，1価の陽イオンにするときに必要なエネルギーのこと。

性質のよく似た元素が縦に並ぶよう配列した表を，

元素の**周期表**といい，縦の列を**族**，横の行を周期と呼びます。

族周期	1	2	3	4	5	6	7	8	9	10	11	12	13	14	15	16	17	18
1	H																	He
2	Li	Be											B	C	N	O	F	Ne
3	Na	Mg											Al	Si	P	S	Cl	Ar
4	K	Ca	Sc	Ti	V	Cr	Mn	Fe	Co	Ni	Cu	Zn	Ga	Ge	As	Se	Br	Kr
5	Rb	Sr	Y	Zr	Nb	Mo	Tc	Ru	Rh	Pd	Ag	Cd	In	Sn	Sb	Te	I	Xe
6	Cs	Ba	ランタノイド	Hf	Ta	W	Re	Os	Ir	Pt	Au	Hg	Tl	Pb	Bi	Po	At	Rn
7	Fr	Ra	アクチノイド	Rf	Db	Sg	Bh	Hs	Mt	Ds	Rg	Cn						

▲元素の周期表

1-2 元素の分類

ここでは，周期表をもとに，いくつかの視点から元素を分類してみましょう。
次ページの図を確認しながら聞いてくださいね。

まず，**金属元素**と**非金属元素**の分類です。

次ページの図の青枠で囲んだ部分は非金属元素，それ以外は金属元素です。

元素全体のうち，金属元素が8割程度，非金属元素が2割程度になります。

次に，1，2族と12族〜18族元素は**典型元素**，

3族〜11族元素は**遷移元素**◆といいます。

典型元素では，

同族元素（同じ族に属する元素）の性質が互いによく似ていることが多く，

特によく似ている18族元素は**貴(希)ガス**，17族元素は**ハロゲン**，

Hを除く1族元素は**アルカリ金属**，

BeとMgを除く2族元素は**アルカリ土類金属**と呼びます。

なお，アルカリ土類金属に関しては，

◆ 3族〜12族元素を遷移元素と呼ぶこともある。

BeとMgも含めて2族元素全体をアルカリ土類金属とすることもあり，
高校化学では，このあたりが曖昧になっています。
とりあえず，皆さんは，
「BeとMgを除く2族元素はアルカリ土類金属」と覚えておきましょう。

一方，遷移元素は，
周期表で横に並んだ元素どうしでも性質が類似することが多く，
典型元素とは異なります。

典型元素 ➡ 周期表の縦に並んだ元素どうしで性質が類似する！＊

遷移元素 ➡ 周期表の横に隣り合う元素どうしでも性質が類似する！＊

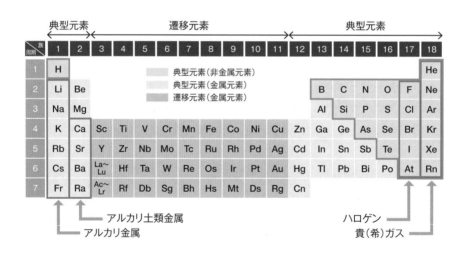

皆さんは原子番号順に何番目までの元素を覚えていますか？
まだ覚えられていない人は，
次のゴロ合わせを利用して**1～20番目までの元素はすぐに覚えてくださいね！**

◆ 典型元素は縦に並んだ元素どうしで最外殻電子の数が等しく（He以外），遷移元素は横に隣り合う元素どうし
でも最外殻電子の数が1か2で等しくなるため，性質が類似する。

原子番号1〜20

H He Li Be B C N O F Ne
水　兵　　リーベ　　僕　　の　　　船

Na Mg Al Si P S Cl Ar K Ca
七　　曲がり　　シップス　　クラーク　　か

さて，原子番号順に元素を覚えることも大切なのですが，
典型元素に関しては，周期表の縦に並ぶ元素ごとに覚えるのも重要です！
へんてこな文章もありますが，以下のゴロ合わせを活用し，
頑張って覚えましょう（笑）！

1族元素

水素	リチウム	ナトリウム	カリウム	ルビジウム	セシウム	フランシウム
H	Li	Na	K	Rb	Cs	Fr
エッチで	リッチ	な	母ちゃん	ルビーを	せしめて	フランスへ

2族元素

ベリリウム	マグネシウム	カルシウム	ストロンチウム	バリウム	ラジウム
Be	Mg	Ca	Sr	Ba	Ra
ベッドに	もぐって	カラ	スと	バトル	ラウンドワン

12族元素

亜鉛	カドミウム	水銀
Zn	Cd	Hg
会えん	過度の	ハゲ

13族元素

ホウ素	アルミニウム	ガリウム	インジウム	タリウム
B	Al	Ga	In	Tl
ボスで	ある	が	イン	テリ

14族元素

炭素	ケイ素	ゲルマニウム	スズ	鉛
C	Si	Ge	Sn	Pb
く	さい	ゲロ	すん	な

15族元素

窒素	リン	ヒ素	アンチモン	ビスマス
N	P	As	Sb	Bi
日	本の	朝は	スタバで	ビール

16族元素

酸素	硫黄	セレン	テルル	ポロニウム
O	S	Se	Te	Po
お	さない	セレブ	照れて	ぽっ

17族元素

フッ素	塩素	臭素	ヨウ素	アスタチン
F	Cl	Br	I	At
ふっ	くら	バレた	愛の	あと

18族元素

ヘリウム	ネオン	アルゴン	クリプトン	キセノン	ラドン
He	Ne	Ar	Kr	Xe	Rn
変な	姉ちゃん	ある日	狂って	キス	乱発

1-3　陽性と陰性

元素の中には，原子が電子を放出して陽イオンになりやすいものが存在し，
その性質を**陽性**といいます。

周期表では，左下に位置する元素ほど陽性の強い傾向があります。

一方，原子が電子を受けとって陰イオンになりやすいものも存在し，
その性質を**陰性**といいます。

周期表では，18族元素を除く右上の元素ほど陰性の強い傾向があります。

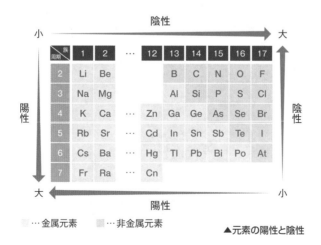

▲元素の陽性と陰性

アルカリ金属（Li，Na，Kなど）は陽性が強いため，

原子が陽イオン（Li^+，Na^+，K^+など）になりやすく，

また，ハロゲン（F，Cl，Br，Iなど）は陰性が強いため，

原子が陰イオン（F^-，Cl^-，Br^-，I^-など）になりやすいのです。

1-4 常温・常圧における単体の状態

各元素の単体が，常温・常圧◆において

「気体」，「液体」，「固体」のいずれの状態であるかを，

周期表上で覚えておきましょう！

常温・常圧において，単体が「液体」として存在する元素は，2つだけです！

<u>1つは非金属元素の臭素Br，もう1つは金属元素の水銀Hgです！</u>

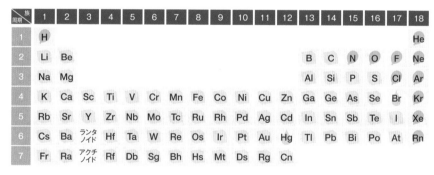

固体　液体　気体

▲常温・常圧における単体の状態

Chapter 1はこれでおしまいです。

無機化学の学習では，「周期表」の全体像をつかむことがとても大切です。

きちんと整理しておいてくださいね。

◆ ここでは25℃，1.013×10⁵Paでの単体の状態を示す。

確認テスト

問1 次の文章を読み，下の問いに答えよ。

周期表の1，2族と12〜18族の元素を ア 元素，3〜11族の元素を イ 元素という。同族の ア 元素の原子は， ウ の数が同じであり，互いによく似た化学的性質を示す。水素Hを除く1族元素を エ といい，17族元素を オ という。 オ の原子の ウ の数は カ である。 キ 族元素を貴(希)ガスといい，原子の ウ の数は ク とみなされる。

(1) ア 〜 ク に当てはまる語句または数値を答えよ。

(2) 原子番号1〜20の元素について，縦軸にイオン化エネルギー，または， ウ の数を示したとき，それぞれのグラフは次の(ア)〜(カ)のどれに相当するか答えよ。

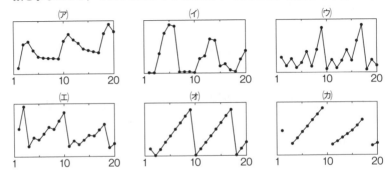

問2 第4周期までの元素の周期表を次に示す。この表に関して，下の問いに答えよ。

周期＼族	1	2	3	4	5	6	7	8	9	10	11	12	13	14	15	16	17	18
1	H																	He
2	Ri	Be											Bo	C	N	O	F	Ne
3	Na	Mg											Al	Si	P	S	Cl	Ar
4	K	Ca	Sc	Ti	V	Cr	Mn	Fe	Co	Ni	Cu	Zn	Ga	Ge	As	Se	Br	Kr

(1) 第3周期までの元素のうち，元素記号が間違っているものを選び，正しい元素記号を答えよ。

(2) 第3周期までの元素のうち，金属元素の数はいくつか答えよ。

(3) 第4周期までの元素のうち，陰性が最大の元素はどれか。元素記号で答えよ。

解答・解説

問1 (1) 空欄に当てはまる語句または数値は，それぞれ次のとおりです。周期表に関する基本的な知識なので，まだ覚えられていない人はしっかりと確認しておいてくださいね！

> **答** ア：典型　イ：遷移　ウ：価電子　エ：**アルカリ金属**　オ：**ハロゲン**
> カ：**7**　キ：**18**　ク：**0**

(2) イオン化エネルギーは，**18族元素で最大値，1族元素で最小値**を示すグラフになるので，(エ)が正解となります。また，価電子の数は，**1族元素から17族元素まで順に1，2，3，……と単調に増加していき，18族元素は0になる**グラフなので，(オ)が正解となります。

> **答** イオン化エネルギー：(エ)，価電子：(オ)

問2 (1) 少なくとも，原子番号1〜20の元素は，元素記号と名称を覚えておきましょう！
与えられた周期表で，元素記号が間違っているものは，第2周期の1族"Ri"と13族"Bo"ですね。正しくは，"Li"と"B"です。

> **答** Ri → Li，Bo → B

(2) 金属元素は下図の赤色の部分，非金属元素は下図の青色の部分です。

族＼周期	1	2	3	4	5	6	7	8	9	10	11	12	13	14	15	16	17	18
1	H																	He
2	Li	Be											B	C	N	O	F	Ne
3	Na	Mg											Al	Si	P	S	Cl	Ar
4	K	Ca	Sc	Ti	V	Cr	Mn	Fe	Co	Ni	Cu	Zn	Ga	Ge	As	Se	Br	Kr

よって，第3周期までの元素のうちで金属元素であるものは，Li，Be，Na，Mg，Alの5つですね。

> **答** 5つ

(3) 周期表上では，18族元素を除き，左下の元素ほど陽性が強く，右上の元素ほど陰性が強くなります。よって，陰性が最大の元素はFとなります。

> **答** F

Chapter 2 酸と塩基

「無機化学」では，酸と塩基の反応を多くあつかいます。

これらの反応の化学反応式を丸暗記しようとすると，非常に大変です。

ここでは，酸と塩基の反応の仕組みを理解し，

「無機化学」の学習をスムーズに進められるようにしていきます！

2-1 酸と塩基の強弱

アレニウスの定義によれば，

酸とは「**水中で水素イオン H$^+$ を放出する物質**」，

塩基とは「**水中で水酸化物イオン OH$^-$ を放出する物質**」のことです。

例えば，塩化水素 HCl や酢酸 CH$_3$COOH は，

水中で次のように電離して H$^+$ を生じるため，酸としてはたらきます。

$$HCl \rightarrow H^+ + Cl^-$$
$$CH_3COOH \rightarrow CH_3COO^- + H^+$$

さて，これら2つの物質は，

一見すると同じように H$^+$ を放出しているように見えますが，

両者には大きな違いがあります。

水に溶けたとき，

HCl は，ほぼすべての分子が電離するのに対して，

CH$_3$COOH はごく一部の分子のみが電離するのです。

次ページの図のようなイメージですね。

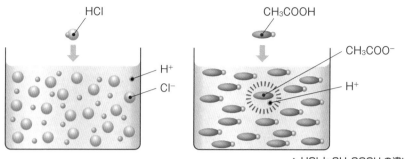

▲ HCl と CH₃COOH の違い

水に溶解した酸（または塩基）の物質量〔mol〕のうち，
電離した酸（または塩基）の物質量〔mol〕の割合を電離度（α）といい，
次の関係式で表されます。

$$電離度（\alpha）＝\frac{電離した酸（塩基）の物質量〔mol〕}{水に溶解した酸（塩基）の物質量〔mol〕}$$

仮に，HClが100mol溶けたとすると，
その100molほぼすべてが電離するイメージですので，電離度（α）は，

$$\alpha ≒ \frac{100\,mol}{100\,mol} = 1$$

となります。
このように，**電離度がほぼ1となるような酸を強酸**といいます。
一方，CH₃COOHは100mol溶けたとすると，
1mol程度が電離するイメージですので，電離度（α）は，

$$\alpha ≒ \frac{1\,mol}{100\,mol} = 0.01$$

となります。
このように，**電離度が1と比べて非常に小さい酸を弱酸**といいます。
なお，弱酸はごく一部の分子しか電離していないため，
電離式の矢印は "$\rightleftharpoons$" で表します。

$$CH_3COOH \rightleftharpoons CH_3COO^- + H^+$$

では，続けて塩基について見ていきましょう。

水酸化ナトリウム NaOH は，

水中で次のように電離して OH^- を生じるため，塩基としてはたらきます。

$$NaOH \rightarrow Na^+ + OH^-$$

また，アンモニア NH_3 は水中で H_2O 分子から H^+ を受けとって

アンモニウムイオン NH_4^+ となり，OH^- を生じるため，

塩基としてはたらくことになります。

$$NH_3 + H_2O \rightarrow NH_4^+ + OH^-$$

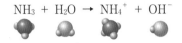

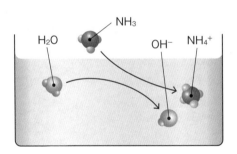

このうち **NaOH** は電離度がほぼ 1 であり，**強塩基**，

NH₃ は電離度が 1 と比べて非常に小さく，**弱塩基**となります。

一般に，NH_3 の電離式は "$\rightleftharpoons$" を用いて次のように表します。

$$NH_3 + H_2O \rightleftharpoons NH_4^+ + OH^-$$

さて，ここで皆さんが疑問に思うのは，

「電離度の大きさ（酸や塩基の強弱）は，どのように決まるの？」

ということですよね。

これに関しては，**1つ1つ覚えなくてはいけません**。

以下に，「無機化学」の学習を進めていくうえで
覚えておくべき酸と塩基の強弱をまとめておきますね。

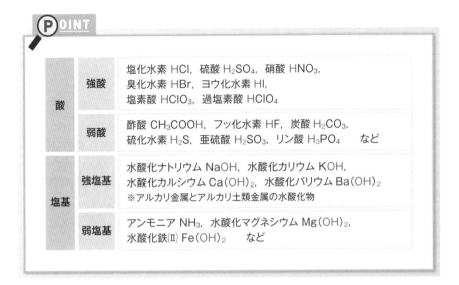

酸	強酸	塩化水素 HCl，硫酸 H_2SO_4，硝酸 HNO_3，臭化水素 HBr，ヨウ化水素 HI，塩素酸 $HClO_3$，過塩素酸 $HClO_4$
	弱酸	酢酸 CH_3COOH，フッ化水素 HF，炭酸 H_2CO_3，硫化水素 H_2S，亜硫酸 H_2SO_3，リン酸 H_3PO_4 　など
塩基	強塩基	水酸化ナトリウム NaOH，水酸化カリウム KOH，水酸化カルシウム $Ca(OH)_2$，水酸化バリウム $Ba(OH)_2$ ※アルカリ金属とアルカリ土類金属の水酸化物
	弱塩基	アンモニア NH_3，水酸化マグネシウム $Mg(OH)_2$，水酸化鉄(Ⅱ) $Fe(OH)_2$ 　など

「理論化学」で出てくる強酸は HCl，H_2SO_4，HNO_3 くらいですが，
「無機化学」では上記のような強酸も出てくるので，覚えましょう！
（ただし，これらの強酸については Chapter 5 で詳しくあつかうので，
今はあまり気にしなくても大丈夫です）
また，塩基の場合は，
アルカリ金属とアルカリ土類金属の水酸化物のみが強塩基であり，
それ以外の水酸化物はすべて弱塩基です。
これはメチャクチャ重要なので，しっかりと覚えておいてくださいね！

2-2 中和反応と塩

続いて，酸と塩基の反応について確認していきます。
酸と塩基は**中和反応**（ちゅうわ はんのう）を起こすのですが，
これはどのような反応でしょう？

例えば，塩酸と水酸化ナトリウム水溶液を混ぜると，
次のように反応して塩化ナトリウム NaCl と水ができます。

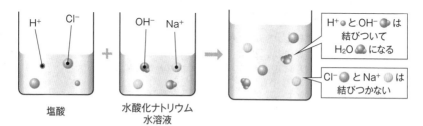

▲塩酸と水酸化ナトリウム水溶液の中和反応

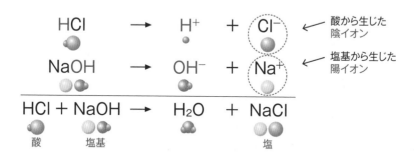

このとき，**酸から生じた陰イオンと塩基から生じた陽イオンが結びついてできた
NaCl のような化合物を塩**（えん）といいます。

なお，ナトリウムイオン Na^+ と塩化物イオン Cl^- は，水中では結びつかないため，
それぞれイオンの状態で存在することになります。

では，別の反応を見てみましょう。

硫酸水溶液と水酸化カルシウム水溶液を混ぜると，

次のように硫酸カルシウム$CaSO_4$と水ができます。

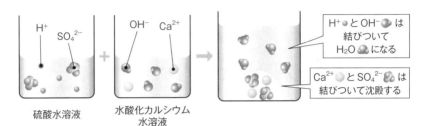

H$^+$　SO$_4^{2-}$

OH$^-$　Ca^{2+}

H$^+$● とOH$^-$● は
結びついて
H$_2$O ● になる

Ca^{2+}● とSO$_4^{2-}$● は
結びついて沈殿する

硫酸水溶液　　水酸化カルシウム
水溶液

▲硫酸水溶液と水酸化カルシウム水溶液の中和反応

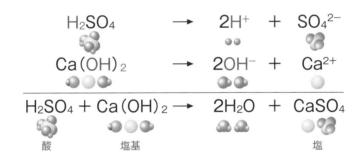

$$H_2SO_4 \longrightarrow 2H^+ + SO_4^{2-}$$

$$Ca(OH)_2 \longrightarrow 2OH^- + Ca^{2+}$$

$$H_2SO_4 + Ca(OH)_2 \longrightarrow 2H_2O + CaSO_4$$

酸　　　　　　塩基　　　　　　　　　　　塩

カルシウムイオンCa^{2+}と硫酸イオンSO_4^{2-}は水中で結びつくため，

沈殿することになります。

このように，塩の中には，水に溶けイオンに分かれて存在するものと，

水に溶けずに沈殿するものがあります。

「無機化学」の分野ではこれを細かく覚えていく必要があるのですが，

その内容に関してはChapter 14で詳しくあつかいます！

2-3 塩の水溶液の性質

塩には，水溶液が中性を示すもの，酸性を示すもの，塩基性を示すものなど，
様々な種類があります。
ここでは，「塩の水溶液が何性を示すのか」について
どのように判断すればいいのか，考えていきましょう！

実は，塩の水溶液の性質は，
その塩を構成する酸と塩基の強弱によって決まることになります。
例えば，酢酸ナトリウム CH_3COONa は，「弱酸」の CH_3COOH と
「強塩基」の $NaOH$ の中和反応によって生じる塩です。

$$CH_3COOH \longrightarrow CH_3COO^- + H^+$$

$$NaOH \longrightarrow Na^+ + OH^-$$

$$CH_3COOH + NaOH \longrightarrow CH_3COONa + H_2O$$

酸　　　　塩基　　　　　塩

一般に，**弱酸と強塩基から生成した塩の水溶液は弱塩基性**を示します。

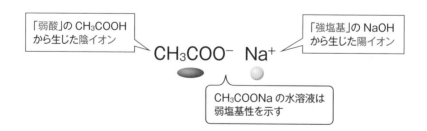

「弱酸」の CH_3COOH
から生じた陰イオン

「強塩基」の $NaOH$
から生じた陽イオン

CH_3COO^-　Na^+

CH_3COONa の水溶液は
弱塩基性を示す

では，その理由を説明しますね。

まず，NaOHは強塩基（電離度が大きい），

CH₃COOHは弱酸（電離度が小さい）であることを考えると，

NaOHは「電離したい！」，

つまり**「Na⁺の状態でいたい！」**と思っています。

一方，**CH₃COOHは「電離したくない！」**，

つまり**「CH₃COOHの状態でいたい！」**と思っています。

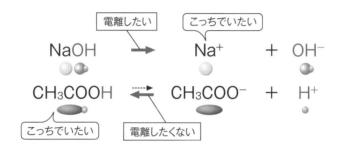

ここからは，次ページの図を見ながら聞いてください。

CH₃COONaは水溶液中でCH₃COO⁻とNa⁺に電離しているのですが，

このとき，Na⁺はそのままの状態で安定に存在しています。

しかし，**CH₃COO⁻はCH₃COOHになりたい**と思っているのです。

ここで，H₂Oは水溶液中でごくわずかに電離して，

H⁺とOH⁻を生じていることを思い出してください。

そのため，**CH₃COO⁻はH₂O分子の電離で生じたわずかなH⁺を奪いとり，**

CH₃COOHとなるのです！

その結果，OH⁻が残り，水溶液は $[H^+] < [OH^-]$◆となるため，

塩基性を示します。

$$CH_3COO^- + H_2O \rightleftarrows CH_3COOH + OH^-$$

このような塩の反応を，**塩の加水分解**（か　すいぶんかい）といいます。

◆ $[H^+]$，$[OH^-]$ は，それぞれH⁺のモル濃度とOH⁻のモル濃度を表す。

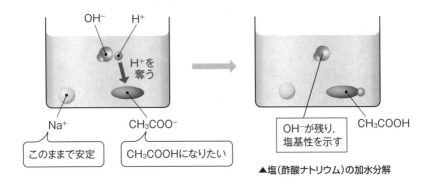

▲塩（酢酸ナトリウム）の加水分解

なお，H₂O の電離度は非常に小さいので，

塩の加水分解はすぐに平衡状態となってしまい，

OH⁻がたくさん生じるわけではありません。

そのため，塩基性といっても，

強い塩基性を示すわけではなく「弱塩基性」です。

では，別の塩でも考えてみましょう。

塩化アンモニウム NH₄Cl は，「強酸」の HCl と

「弱塩基」の NH₃ の中和反応によって生じる塩です。

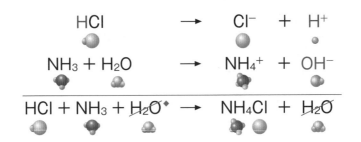

一般に，**強酸と弱塩基から生成した塩の水溶液は弱酸性**を示します。

　◆ 両辺に H₂O があるため，H₂O を消去する。

「弱塩基」のNH₃ から生じた陽イオン

「強酸」のHCl から生じた陰イオン

NH₄Clの水溶液は 弱酸性を示す

では，その理由を先ほどと同様に考えてみましょう。

HClは強酸のため「電離したい！」と思っており，

NH₃は弱塩基のため「電離したくない！」と思っています。

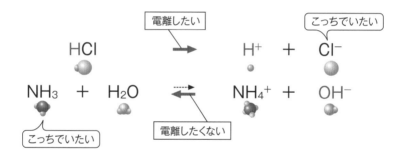

電離したい

こっちでいたい

こっちでいたい

電離したくない

ここからは，次ページの図を見ながら聞いてください。

NH_4Clは水溶液中でNH_4^+とCl^-に電離しており，

Cl^-はそのままの状態で安定に存在しているのですが，

NH_4^+はNH_3になりたいと思っています。

そのため，**NH_4^+はH_2O分子にH^+を与えて，NH_3となるのです！**

その結果，オキソニウムイオンH_3O^+が生じ，

水溶液は（$[H_3O^+]=$）$[H^+]$◆$>[OH^-]$となるため，酸性を示します。

$$NH_4^+ + H_2O \rightleftharpoons NH_3 + H_3O^+$$

◆ 水溶液中では，H^+は常にH_2O分子と結びつきH_3O^+として存在するが，便宜上H^+のまま表記するのが一般的 である。

なお，この反応も塩の加水分解であり，
一部のNH_4^+が反応するだけなので，強酸性ではなく，弱酸性となります。

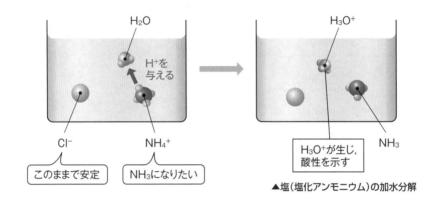

▲塩（塩化アンモニウム）の加水分解

では，最後に塩化ナトリウム$NaCl$の水溶液の性質について考えてみましょう。
$NaCl$は，「強酸」のHClと「強塩基」の$NaOH$の中和反応によって
生じる塩です。
$NaCl$は水溶液中でNa^+とCl^-に電離していますが，
これらのイオンは，共にそのままの状態で安定に存在しています。
そのため，加水分解をすることなく，水溶液は中性を示します。

このように，「塩の水溶液が何性を示すのか」は，
その塩を構成する酸と塩基の強弱によって決まることになります！
「無機化学」の学習でも，色々な場面で「塩」が登場するので，
ぜひ覚えておいてくださいね。

2-4 弱酸・弱塩基の遊離反応

それでは，最後に「弱酸・弱塩基の遊離反応」について確認していきます！

2-2では，「酸と塩基が反応して水と塩が生成する」反応を考えましたが，

実は，酸と塩基が関わる反応は，ほかにもあるんです。

例えば，酢酸ナトリウム CH_3COONa と塩酸の反応を考えてみます。

CH_3COONa は，CH_3COOH と $NaOH$ から生じる「塩」で，

塩酸は「強酸」ですね。

この2つが出会うと，次のような反応が起こります。

CH_3COO^- は「CH_3COOH になりたい！」と思っており，

HCl は電離して「Cl^- になりたい！」と思っているので，

HCl から生じた H^+ が CH_3COO^- に渡され，CH_3COOH となります。

これを，「CH_3COOH が遊離した」と表現します。

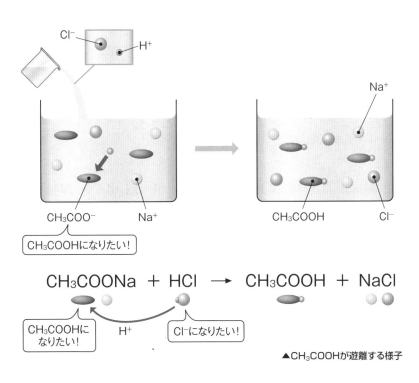

$$CH_3COONa + HCl \longrightarrow CH_3COOH + NaCl$$

▲CH_3COOHが遊離する様子

このとき，結果的には強酸から生じたCl^-がNa^+と塩（NaCl）を
つくっているので，次のようにまとめることができます。

弱酸の塩 ＋ 強酸 → 強酸の塩 ＋ 弱酸
CH_3COONa　　HCl　　　　$NaCl$　　　CH_3COOH

このような反応を，**弱酸の遊離反応**といいます。
なお，ここでは反応に関わる「酸の強弱」が大切であり，
「塩基の強弱」は関係ないので気にしないでくださいね。

続けて，もう1つ考えてみましょう。
塩化アンモニウムNH_4Clと水酸化ナトリウム$NaOH$の反応を考えてみます。
NH_4Clは，NH_3とHClから生じる「塩」で，
$NaOH$は「強塩基」ですね。
この2つが出会うと，次のような反応が起こります。
NH_4^+は「NH_3になりたい！」と思っており，
$NaOH$は電離して「Na^+になりたい！」と思っているので，
$NaOH$から生じたOH^-とNH_4^+が反応して，NH_3となります。
これを，「**NH_3が遊離した**」と表現します。

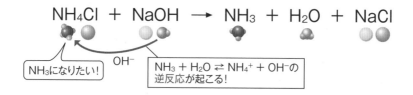

この場合も，強塩基から生じたNa^+がCl^-と塩（NaCl）を
つくっているので，次のようにまとめることができます。

弱塩基の塩　＋　強塩基　→　強塩基の塩　＋　弱塩基
NH_4Cl　　　　　$NaOH$　　　　$NaCl$　　　　　NH_3（＋H_2O）

このような反応を，**弱塩基の遊離反応**といいます。
ここでは「塩基の強弱」が大切であり，
「酸の強弱」は関係ありません。

「弱酸の遊離反応」と「弱塩基の遊離反応」は
Chapter 9の学習においてとても大切なので
しっかりと覚えてくださいね！

確認テスト

問1 次の文章を読み，下の問いに答えよ。

中和反応では，酸と塩基の反応によって塩と水が生じる。塩の水溶液の性質は，塩を構成する陽イオンと陰イオンの種類，言い換えると中和反応を起こした酸と塩基の種類によって決定される。例えば，酢酸ナトリウムのような ア 酸と イ 塩基との塩の水溶液は ウ 性を示す。これは，水溶液中で エ イオンが水から オ イオンを受けとり， エ 分子となった結果，水溶液中に カ イオンが生じるためである。このような反応を，塩の キ という。

(1) ア ～ キ に当てはまる語句を答えよ。

(2) 下線部の反応をイオン反応式で答えよ。

(3) 炭酸水素ナトリウム $NaHCO_3$ と硫酸水素ナトリウム $NaHSO_4$ の水溶液は，それぞれ何性を示すか。中性，酸性，塩基性のうちから選んで答えよ。

問2 次の反応のうち，弱酸の遊離反応，または弱塩基の遊離反応であるものをすべて選び，番号で答えよ。

① 酢酸に水酸化ナトリウムを作用させると，酢酸ナトリウムが生成する。

② 硫酸アンモニウムに水酸化ナトリウムを作用させると，アンモニアが生成する。

③ 炭酸ナトリウムに塩酸を作用させると，二酸化炭素が生成する。

④ 塩酸に水酸化カルシウムを作用させると，塩化カルシウムが生成する。

問1 (1) 空欄に当てはまる語句は，それぞれ次のとおりです。

答 ア：**弱**　　イ：**強**　　ウ：**(弱)塩基**　エ：**酢酸**　オ：**水素**
　　カ：**水酸化物**　キ：**加水分解**

(2) 酢酸ナトリウムは，<u>弱酸の酢酸と強塩基の水酸化ナトリウムの中和反応で生じた</u>
<u>塩なので</u>，水溶液は**(弱)塩基性**を示します。これは，**酢酸イオンが酢酸分子に戻**
りたいために，次のような加水分解が起こるからですね。

答 $CH_3COO^- + H_2O \rightleftarrows CH_3COOH + OH^-$

(3) さて，この問題は少し難しいですよ。丁寧に説明していきますね。
炭酸 H_2CO_3 は弱酸で硫酸 H_2SO_4 は強酸です。つまり，「**H_2CO_3 は電離したくない！**」，
「**H_2SO_4 は電離したい！**」と思っています。

こっちでいたい　　　　　　　　　　　　　　　　　電離したい

$H_2CO_3 \rightleftarrows HCO_3^- \rightleftarrows CO_3^{2-}$　　$H_2SO_4 \rightleftarrows HSO_4^- \rightleftarrows SO_4^{2-}$

電離したくない　　　　　　　　　　　　こっちでいたい

$NaHCO_3$ は，水溶液中で Na^+ と HCO_3^- に電離しており，<u>HCO_3^- が加水分解して</u>
<u>H_2CO_3 となります</u>。その結果，水素イオンが減少し**水酸化物イオンが残る**ので，
$NaHCO_3$ の水溶液は（弱）塩基性を示します。
　　$HCO_3^- + H_2O \rightleftarrows H_2CO_3 + OH^-$

一方，$NaHSO_4$ は，水溶液中で Na^+ と HSO_4^- に電離しており，<u>HSO_4^- はさらに電</u>
<u>離して SO_4^{2-} となります</u>。その結果，**水素イオンが生じる**ので，$NaHSO_4$ の水溶
液は酸性を示します。
　　$HSO_4^- \rightleftarrows H^+ + SO_4^{2-}$

答 炭酸水素ナトリウムの水溶液：**塩基性**，硫酸水素ナトリウムの水溶液：**酸性**

問2 ②は弱塩基の遊離反応，③は弱酸の遊離反応ですね。

② $(NH_4)_2SO_4 + 2NaOH \rightarrow Na_2SO_4 + 2H_2O + 2NH_3$
　弱塩基の塩　　強塩基　　強塩基の塩　　　　弱塩基

③ $Na_2CO_3 + 2HCl \rightarrow 2NaCl + H_2O + CO_2$
　弱酸の塩　　強酸　　強酸の塩　　弱酸◆

なお，①と④は，弱酸の遊離反応や弱塩基の遊離反応ではなく，単に「酸＋塩基
→ 塩＋水」の中和反応が起こっているだけですね。　**答** ②，③

◆ 遊離した炭酸 H_2CO_3 はすぐに H_2O と CO_2 に分解する。

Chapter **3**

酸化還元

中学校では，「物質が"酸素と化合する"ことを酸化，
酸素を含む物質が"酸素を失う"ことを還元」と学習します。
しかし，高校化学では，
主に電子 e^- の受け渡しで，酸化と還元を定義していきます。
「無機化学」では，各物質がもつ酸化作用や還元作用を理解することが
とても大切になるので，1つ1つ確認していきましょう！

3-1 酸化と還元，酸化剤と還元剤

物質が電子 e^- を失うと，その物質は「酸化された」といいます。一方，
物質が電子 e^- を受けとると，その物質は「還元された」といいます。
また，酸化された物質自身は，相手を還元するので**還元剤**と呼ばれ，
逆に還元された物質自身は，相手を酸化するので**酸化剤**と呼ばれます。
還元剤と酸化剤の間で，電子 e^- のキャッチボールをするイメージですね。

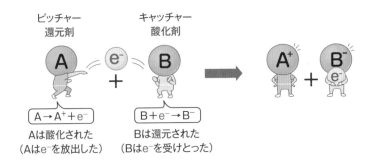

このように，異なる物質の間で電子 e⁻ のキャッチボールを行う反応を
「酸化還元反応」といいます。

ナトリウム Na とマグネシウムイオン Mg^{2+} の反応を例に，

具体的にイメージしてみましょう。

Na は原子番号 11 の元素なので，

原子中に 11 個の陽子と 11 個の電子が存在します。

一方，Mg は原子番号 12 の元素なので，

Mg^{2+} 中に 12 個の陽子と 10 個の電子が存在します。

（Mg^{2+} は「2 価の陽イオン」なので，

陽子の数が電子の数よりも 2 つ多い状態のイオンです）

Na は Mg よりもイオン化傾向（**3-5** であつかいます）が大きく，

陽イオンになりやすいため，

電子 e⁻ を放出し，Mg^{2+} がその電子 e⁻ を受けとることになります。

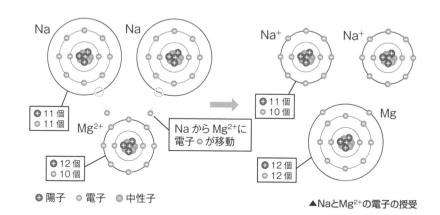

● 陽子　○ 電子　◉ 中性子

▲Na と Mg^{2+} の電子の授受

式で表すと，次のようになります。

$$Na \longrightarrow Na^+ + e^- \quad (\times 2)$$
$$\underline{Mg^{2+} + 2e^- \longrightarrow Mg} \qquad 移動$$
$$2Na + Mg^{2+} \longrightarrow 2Na^+ + Mg$$

このとき，Naは電子e^-を放出して酸化され，
Mg^{2+}は電子e^-を受けとって還元されたため，
Naが還元剤，Mg^{2+}が酸化剤としてはたらいたことになります。

このように，**酸化剤は電子e^-を受けとる物質**であり，
酸化剤としてのはたらきが強い物質を
「酸化作用をもつ」や「酸化力がある」などと表現します。
同様に，**還元剤は電子e^-を放出する物質**であり，
還元剤としてのはたらきが強い物質を「還元作用をもつ」などと表現します。

のちに学習しますが，例えば17族元素（ハロゲン）の単体は酸化作用をもちます。

$$Cl_2 + 2e^- \rightarrow 2Cl^- \text{（←}Cl_2 \text{が電子} e^- \text{を受けとる）}$$

一方，1族元素（アルカリ金属）の単体は還元作用をもちます。

$$K \rightarrow K^+ + e^- \text{（←Kが電子} e^- \text{を放出する）}$$

3-2 酸化数と酸化還元

原子やイオンが電子e^-を受けとったり放出したりしたことは，便宜上，
原子がもつ陽子の数と電子の数の「差」を表す酸化数を用いて考えていきます。
例えば，先ほどの例では，
反応前のNa原子の酸化数は"0"，Mg原子の酸化数は"+2"です。
そして，反応後のNa原子の酸化数は"+1"，Mg原子の酸化数は"0"です。
このように，反応の前後で，
酸化された原子の酸化数は増加し，還元された原子の酸化数は減少します。

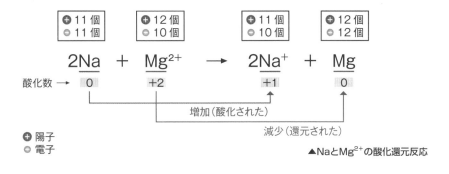

酸化数 →

増加（酸化された）

減少（還元された）

⊕ 陽子
⊖ 電子

▲NaとMg²⁺の酸化還元反応

POINT

	電子 e⁻	酸化数の変化
酸化された物質 （還元剤）	放出する	増加する
還元された物質 （酸化剤）	受けとる	減少する

■1 酸化数の決め方

通常，単原子イオン◆の酸化数は，
そのイオンの電荷と一致します。

例えば，Mg^{2+}の酸化数は "+2"，Cl^-の酸化数は "−1" です。
では，イオンではない分子中に含まれる原子の酸化数は
どのように決めればよいのでしょうか。
少し難しい内容になるので，ていねいに説明していきますね。

例えば，H_2O分子中のO原子とH原子の酸化数を決める場合，
まずはH_2O分子の電子式を書きます。
そして，一般に，**原子間で共有している電子対は，**

◆ Na^+，Mg^{2+}，Cl^-のように1個の原子からなるイオンを単原子イオンと呼ぶ。なお，NH_4^+やSO_4^{2-}のように
 2個以上の原子からなるイオンを多原子イオンと呼ぶ。

電気陰性度がより大きい原子の所有物と考えるので，

電気陰性度がO＞Hであることにより，

O原子の酸化数は“－2”，H原子の酸化数は“＋1”となります。

なお，分子を構成する原子の酸化数の総和は“±0”となるので覚えておきましょう。

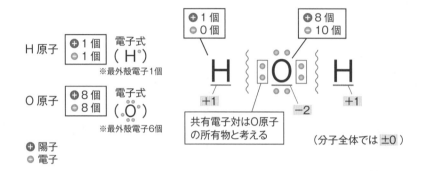

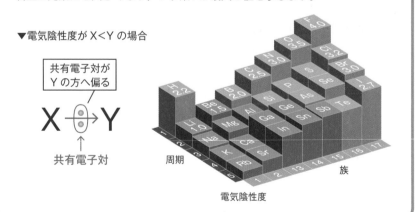

参　考

共有結合している原子が，共有電子対を引きつける強さの程度を表した値を**電気陰性度**といいます。一般に，電気陰性度は，周期表で貴(希)ガスを除く右上の元素ほど大きくなり，フッ素Fが最大の値を示します。

ではもう1つ，過酸化水素H_2O_2分子中の原子について考えてみましょう。

下図のように，H_2O_2分子の場合は，

O原子間で共有している電子対が1つ存在するので，

これは<u>各O原子が電子を1つずつ所有している</u>と考えます。

よって，O原子の酸化数は"-1"，H原子の酸化数は"$+1$"となりますね。

こちらも，分子全体では"±0"です。

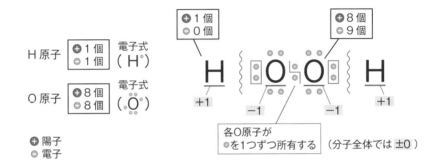

さて，酸化数を決めるうえでのルールを説明しましたが，

酸化数を決めるのに，毎回電子式を書いて電気陰性度の大小を考えていたら，

時間がかかってしまいます。そこで，皆さんは**次の規則を覚えておき，**

すぐに原子の酸化数を決められるようにしておきましょう！

〔酸化数の決め方〕

規則1　単体中の原子の酸化数 ➡ "0"

　　例 H_2，O_2，He，Alなどのそれぞれの原子の酸化数は"0"

規則2　化合物を構成する原子の酸化数の総和 ➡ "0"

規則3　化合物中のO原子の酸化数 ➡ "-2"

　　例外 H_2O_2中のO原子の酸化数は"-1"

規則4　化合物中のH原子の酸化数 ➡ "$+1$"

　　例外 NaH中のH原子の酸化数は"-1"

規則5 イオンの酸化数 ➡ 「**イオンの電荷と一致**」

例 化合物中のアルカリ金属の原子は1価の陽イオンである。
Li，Na，Kなど ➡ "**+1**"

例 化合物中のアルカリ土類金属の原子は2価の陽イオンで
ある。
Ca，Baなど ➡ "**+2**"

この規則を用いて，

例1 ～ 例3 の物質中の下線をつけた原子の酸化数を決めてみましょう。

例1 $H_2\underline{S}$

● 規則4 より，H原子の酸化数は "+1"
● 規則2 より，S原子の酸化数は "−2"

$$\overset{+2}{\overbrace{\underset{+1}{H_2}\ \underset{-2}{S}}}$$

例2 $K\underline{Mn}O_4$

● 規則3 より，O原子の酸化数は "−2"
● 規則5 より，K原子の酸化数は "+1"
● 規則2 より，Mn原子の酸化数は "+7"

$$K\underset{+1}{Mn}\overset{-8}{\overbrace{\underset{+7}{Mn}\ \underset{-2}{O_4}}}$$

例3 $\underline{P}O_4{}^{3-}$

● 規則3 より，O原子の酸化数は "−2"
● 規則5 より，P原子の酸化数は "+5"

$$\underset{+5}{P}\overset{-8}{\overbrace{\underset{-2}{O_4}}}{}^{3-}$$

※多原子イオンの場合は，イオンを構成する原子の酸化数の総和が，
イオンの電荷 と一致する

2 酸化還元反応における酸化数の変化

では，具体的な酸化還元反応を例に，酸化数の変化を見てみましょう。
次の化学反応式を見ながら聞いてください。

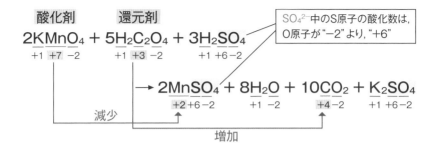

化学反応式中の各原子の酸化数を確認すると，

反応の前後で，Mn原子の酸化数が "+7" から "+2" に減少し，

C原子の酸化数が "+3" から "+4" に増加していますね。

よって，Mn原子を含む過マンガン酸カリウム$KMnO_4$が酸化剤，

C原子を含むシュウ酸$H_2C_2O_4$◆が還元剤となります。

なお，化学反応式中の各原子の酸化数を調べるとき，

「係数」は関係ないので，注意しましょう！

このように，**酸化還元反応では，**

必ず酸化数が減少している原子と増加している原子が存在します。

それを意識して，どの物質が酸化剤，または還元剤として

はたらいているのかを考えることは

「無機化学」の学習を進めていくうえでとても大切になります！

3-3 半反応式のつくり方

酸化剤は電子e^-を受けとる物質，還元剤は電子e^-を放出する物質ですが，

そのはたらきについてe^-を用いて表した式を**半反応式**といいます。

ここでは，半反応式のつくり方を確認していきましょう！

まず，酸化剤の過マンガン酸カリウム$KMnO_4$を例に，

半反応式をつくってみます。

$KMnO_4$は，水溶液中でカリウムイオンK^+と過マンガン酸イオンMnO_4^-に

◆ シュウ酸の化学式は$(COOH)_2$と書くこともある。

電離しており，MnO_4^-に電子e^-を奪う力（酸化力）があります。
そして，MnO_4^-は，還元剤から電子e^-を受けとると，
マンガン(Ⅱ)イオンMn^{2+}に変化します。

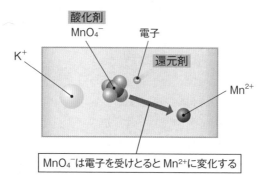

▲MnO_4^-が酸化剤としてはたらく様子

皆さんは，それぞれの酸化剤が電子e^-を受けとった結果，
どのような形に変化するのかを覚えておく必要があります。
それでは，$MnO_4^- \rightarrow Mn^{2+}$をもとに
手順1 〜 手順3 に沿って半反応式をつくっていきましょう。

手順1　左辺と右辺の O 原子の数を "H_2O" を使って揃える。
　　　　O 原子の数を揃えるために，$MnO_4^- \rightarrow Mn^{2+}$の右辺に
　　　　"H_2O" を 4 つ足します。
　　　　$MnO_4^- \rightarrow Mn^{2+} + 4H_2O$

手順2　左辺と右辺の H 原子の数を "H^+" を使って揃える。
　　　　H 原子の数を揃えるために，$MnO_4^- \rightarrow Mn^{2+} + 4H_2O$ の
　　　　左辺に "H^+" を 8 つ足します。
　　　　$MnO_4^- + 8H^+ \rightarrow Mn^{2+} + 4H_2O$

手順3　イオンがもつ電荷に着目し，左辺と右辺の電荷を
　　　　"e^-" を使って揃える。

左辺は "MnO_4^-" と "$8H^+$" で "$+7$"，右辺は "Mn^{2+}" で
"$+2$" なので，電荷を揃えるために，左辺に "e^-" を5つ足します。

$$MnO_4^- + 8H^+ + 5e^- \rightarrow Mn^{2+} + 4H_2O$$

これで，$KMnO_4$ の半反応式が完成です。

なお，この式より，Mn原子が電子 e^- を5つ受けとり，

酸化数が "$+7$" から "$+2$" に減少していることがわかりますね。

$$\underset{+7}{MnO_4^-} + 8H^+ + 5e^- \rightarrow \underset{+2}{Mn^{2+}} + 4H_2O$$

では，続けて還元剤のシュウ酸 $H_2C_2O_4$ を例に，半反応式をつくってみます。

$H_2C_2O_4$ は電子 e^- を放出する性質（還元作用）をもち，

酸化剤に向けて電子 e^- を放出すると，**二酸化炭素 CO_2 に変化します。**

ここは，頑張って覚えましょう！

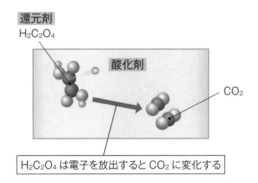

還元剤
$H_2C_2O_4$

酸化剤

CO_2

$H_2C_2O_4$ は電子を放出すると CO_2 に変化する

▲$H_2C_2O_4$ が還元剤としてはたらく様子

そして，先ほどと同じように，$H_2C_2O_4 \rightarrow 2CO_2$ をもとに

手順1 〜 手順3 で半反応式をつくっていきます。

手順1　**左辺と右辺の O 原子の数を "H_2O" を使って揃える。**

$H_2C_2O_4 \rightarrow 2CO_2$ では，左辺と右辺の O 原子の数が

すでに揃っているので，[手順1] は省略します。

[手順2] 左辺と右辺のH原子の数を"H^+"を使って揃える。

$$H_2C_2O_4 \rightarrow 2CO_2 + 2H^+$$

[手順3] イオンがもつ電荷に着目し，左辺と右辺の電荷を
"e^-"を使って揃える。

$$H_2C_2O_4 \rightarrow 2CO_2 + 2H^+ + 2e^-$$

これで，$H_2C_2O_4$ の半反応式が完成です。

この式より，2つのC原子がそれぞれ電子 e^- を1つ放出し，

酸化数が"$+3$"から"$+4$"に増加していることがわかりますね。

$$\underset{+3}{H_2C_2O_4} \rightarrow \underset{+4}{2CO_2} + 2H^+ + 2e^-$$

さて，このようにそれぞれの酸化剤や還元剤が

どのような形に変化するのかを覚えておけば，

半反応式をつくることができます！

半反応式が書ければ，

酸化還元反応の化学反応式を自分でつくれるようになるので，

頑張ってくださいね！

「高校化学」で必要な酸化剤（Oxidant）と還元剤（Reducing agent）について

次ページの表にまとめておくので，□ の部分を覚えましょう。

O 酸化剤	過マンガン酸カリウム $KMnO_4$（※酸性下）	$\boxed{MnO_4^-} + 8H^+ + 5e^- \longrightarrow \boxed{Mn^{2+}} + 4H_2O$
	酸化マンガン(IV) MnO_2（※酸性下）	$\boxed{MnO_2} + 4H^+ + 2e^- \longrightarrow \boxed{Mn^{2+}} + 2H_2O$
	濃硝酸 HNO_3	$\boxed{HNO_3} + H^+ + e^- \longrightarrow \boxed{NO_2} + H_2O$
	希硝酸 HNO_3	$\boxed{HNO_3} + 3H^+ + 3e^- \longrightarrow \boxed{NO} + 2H_2O$
	熱濃硫酸 H_2SO_4	$\boxed{H_2SO_4} + 2H^+ + 2e^- \longrightarrow \boxed{SO_2} + 2H_2O$
	ハロゲン X_2 ($F_2/Cl_2/Br_2/I_2$)	$\boxed{X_2} + 2e^- \longrightarrow \boxed{2X^-}$
	二酸化硫黄 SO_2	$\boxed{SO_2} + 4H^+ + 4e^- \longrightarrow \boxed{S} + 2H_2O$
	オゾン O_3（※酸性下）	$\boxed{O_3} + 2H^+ + 2e^- \longrightarrow \boxed{O_2} + H_2O$
	過酸化水素 H_2O_2（※酸性下）	$\boxed{H_2O_2} + 2H^+ + 2e^- \longrightarrow \boxed{2H_2O}$
R 還元剤	ヨウ化カリウム KI	$\boxed{2I^-} \longrightarrow \boxed{I_2} + 2e^-$
	硫化水素 H_2S	$\boxed{H_2S} \longrightarrow \boxed{S} + 2H^+ + 2e^-$
	シュウ酸 $H_2C_2O_4$	$\boxed{H_2C_2O_4} \longrightarrow \boxed{2CO_2} + 2H^+ + 2e^-$
	金属の単体 Na, Ca など	$\boxed{Na} \longrightarrow \boxed{Na^+} + e^-$ $\boxed{Ca} \longrightarrow \boxed{Ca^{2+}} + 2e^-$
	硫酸鉄(II) $FeSO_4$	$\boxed{Fe^{2+}} \longrightarrow \boxed{Fe^{3+}} + e^-$
	二酸化硫黄 SO_2	$\boxed{SO_2} + 2H_2O \longrightarrow \boxed{SO_4^{2-}} + 4H^+ + 2e^-$
	過酸化水素 H_2O_2	$\boxed{H_2O_2} \longrightarrow \boxed{O_2} + 2H^+ + 2e^-$

3-4 化学反応式のつくり方

では，いよいよ酸化還元反応の化学反応式をつくっていきます。

次の反応を例に考えていきましょう！

例 硫酸酸性のシュウ酸水溶液（還元剤）に過マンガン酸カリウム水溶液
（酸化剤）を加えて反応させる

次の 手順1 ～ 手順3 で化学反応式をつくっていきます。

手順1 **酸化剤と還元剤の半反応式を書く。**

過マンガン酸カリウム $KMnO_4$ とシュウ酸 $H_2C_2O_4$ の半反応式は，
次のとおりです。

$\boxed{O}$ $MnO_4^- + 8H^+ + 5e^- \rightarrow Mn^{2+} + 4H_2O$ ⋯①

$\boxed{R}$ $H_2C_2O_4 \rightarrow 2CO_2 + 2H^+ + 2e^-$ ⋯②

手順2 **各半反応式の電子 e^- の数を揃えて，2式を足し合わせる。**

$\boxed{O}$ $2MnO_4^- + 16H^+ + \mathbf{10e^-} \rightarrow 2Mn^{2+} + 8H_2O$ ⋯①×2

$\boxed{R}$ $5H_2C_2O_4 \rightarrow 10CO_2 + 10H^+ + \mathbf{10e^-}$ ⋯②×5

―――――――――――――――――――――――――――――――

$2MnO_4^- + 6H^+ + 5H_2C_2O_4 \rightarrow 2Mn^{2+} + 8H_2O + 10CO_2$

※①式全体を2倍，②式全体を5倍して足すので，
両辺から $\mathbf{10e^-}$ と $10H^+$ が消えます。

手順3 **左辺の陽イオンと陰イオンの「対イオン」を，両辺に加える。**

化学反応式をつくるときに意識してほしいことなのですが，
陽イオンには必ず「対となる陰イオン」が存在します。 同様に，
陰イオンにも必ず「対となる陽イオン」が存在します。

手順2 で得られた式の左辺には "MnO_4^-" が書かれていますが，
この陰イオンの「対イオン」は誰でしょう？

対イオンを考えるときは，「もともと誰とくっついていたか」を
考えればいいのです。そう考えれば，MnO_4^- の相手は K^+ ですね。
では，左辺に書かれている "H^+" の「対イオン」は誰でしょう？

これは，少し判断が難しいのですが，

この反応では，「硫酸酸性」という条件が書かれていますね。

つまり，この水溶液には硫酸 H_2SO_4 が溶けており，

$H_2SO_4 \rightarrow 2H^+ + SO_4^{2-}$ の電離によって，H^+ と SO_4^{2-} が生じています。

もうわかりましたね？　そうです，H^+ の相手は SO_4^{2-} です。

以上から，手順2 で得られた式の左辺に "K^+" を2つ，"SO_4^{2-}" を
3つ加えます。

そして，左辺と同じイオンを同じ数だけ右辺にも加えれば，

化学反応式の完成です。

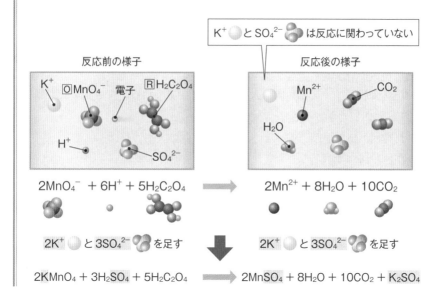

以上で，酸化還元反応の化学反応式のつくり方はおしまいです。

「無機化学」では，色々な化学反応をあつかいますが，

そのすべてを暗記しようとすると，膨大な量になってしまいます。

もちろん，暗記しなければいけないものもありますが，

酸化還元反応の化学反応式を自分でつくれるようにしておくと，

暗記する式をぐっと減らすことができるので，

頑張ってマスターしてくださいね！

3-5 金属の酸化還元反応

本書の後半では,「金属」の性質について学習していきます。
ここでは,そのための準備として
金属の酸化還元反応を確認していきましょう!

1 金属のイオン化傾向

金属が水溶液中で電子e^-を放出して,
陽イオンになろうとする性質を**金属のイオン化傾向**といいます。

「金属が水溶液中で陽イオンになる」ということは,
「金属が水に溶ける」ことだと思ってください。
つまり,「金属のイオン化傾向の大きさ」は「金属の溶けやすさ」を表すと
考えておきましょう。
例えば,亜鉛Zn,銅Cu,銀Agのイオン化傾向の大小関係は,
$Zn > Cu > Ag$です。
では,硫酸銅(II)$CuSO_4$水溶液を入れた異なる2つのビーカーに,
亜鉛板と銀板をそれぞれ浸すと,
2つのビーカーではどのような違いが見られるでしょう?

銅(II)イオンCu^{2+}が溶けた水溶液に亜鉛板を浸すと,
ZnはCuよりも溶けやすいので,ZnがZn^{2+}となって溶け出し,
Cu^{2+}がCuとなって亜鉛板上に析出します。
このとき何が起こっているかというと,
Znから放出されたe^-をCu^{2+}が受けとっており,
両者の間でe^-の受け渡し,つまり,酸化還元反応が起こっているのです。
(Znが酸化され,Cu^{2+}が還元されていますね)

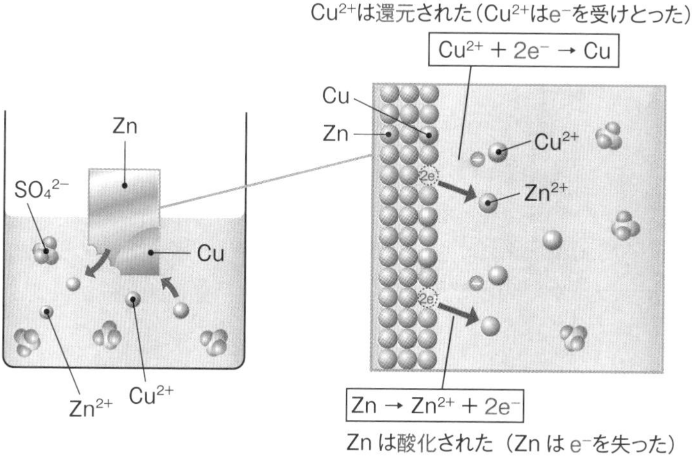

Cu²⁺は還元された（Cu²⁺はe⁻を受けとった）

$$Cu^{2+} + 2e^- \rightarrow Cu$$

$$Zn \rightarrow Zn^{2+} + 2e^-$$

Zn は酸化された（Zn は e⁻を失った）

▲硫酸銅(II)水溶液に亜鉛板を入れたときの様子

このように，金属が溶けるためには，

誰かが代わりにe⁻を受けとってくれなければいけません。

つまり，どんなに溶けやすい金属でも，

e⁻を受けとってくれる相手がいなければ，

金属が溶けることはできないのです。

例えば，亜鉛板は「水」に入れても溶けません。

次に銀板を浸した場合を考えてみます。

AgはCuよりも溶けにくいので，AgはCuSO₄水溶液には溶けません。

AgがAg⁺となって溶け出したとしても，

CuSO₄水溶液中にはAgから放出されたe⁻を受けとってくれる相手が

存在しないからです。

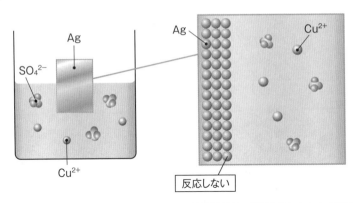

▲硫酸銅(II)水溶液に銀板を入れたときの様子

このように，金属のイオン化傾向を覚えていれば，
「反応が起こるのかどうか」を予想することができますね。

下のように金属をイオン化傾向が大きい順に並べたものを
イオン化列といいます。

⑦

Li　　K　　Ca Na Mg Al Zn Fe Ni Sn Pb

リッチに 貸そう か な まぁ あ て に すん な

(H₂)* Cu Hg Ag Pt Au

ひ ど す ぎ る 借 金

ここで挙げた金属のイオン化傾向の大きさの順番は
きちんと頭に入れておいてくださいね！

2 金属と水の反応

カルシウム Ca の単体を水に加えると，

◆ 水素 H_2 は金属ではないが，水素イオン H^+ になり，金属と酸の反応で重要であるため記載している。

気体を発生しながら溶けていきます。

さて，ここで発生する気体は何でしょう？

「水素H_2だったかなぁ。それとも酸素O_2だったかなぁ。

どっちだっけ……？」と思い出そうとする人も多いのですが，

これはその場で考えればわかることです。

次ページの図を見ながら聞いてくださいね。

Caを水に加えると，Caはイオンとなって溶け出します。

つまり，電子e^-を放出するということです。

$$\boxed{\text{R}}\ Ca \rightarrow Ca^{2+} + 2e^-$$

ここで，先ほどの話を思い出してほしいのですが，

金属が溶けるためには

誰かが代わりにe^-を受けとってくれなければなりません。

水中に存在するのは，H_2O分子と，H_2O分子がごくわずかに電離して生じた

水素イオンH^+と水酸化物イオンOH^-です。

このうち，e^-を受けとることができるのは，

正の電荷をもった"H^+"だけです。

よって，発生する気体はH_2ですね。

なお，H^+がe^-を受けとる式を書くときは，

H_2Oがごくわずかしか電離していないため，H^+とOH^-に分けずに，

H_2Oのまま反応式を書くことになります。

つまり，$2H^+ + 2e^- \rightarrow H_2$ではなく，

$$\boxed{\text{O}}\ 2\underbrace{H_2O}_{2H^+,\,2OH^-} + 2e^- \longrightarrow H_2 + 2OH^-$$

となります。

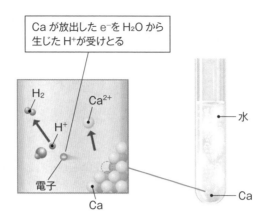

Ca が放出した e⁻を H₂O から
生じた H⁺が受けとる

H₂

Ca²⁺

H⁺

電子

Ca

水

Ca

化学反応式は 3-4 で学習したとおり，次のように書けます。

$$
\begin{aligned}
&\boxed{O}\ \ 2H_2O + 2e^- \rightarrow H_2\ \ + 2OH^- \\
&\boxed{R}\ \ Ca\ \ \ \ \ \ \ \ \ \ \ \ \ \ \rightarrow Ca^{2+} + 2e^- \\
&\overline{} \\
&\ \ \ \ 2H_2O + Ca\ \ \rightarrow H_2\ \ + Ca(OH)_2
\end{aligned}
$$

このように，金属が水に溶けると H₂ を発生するのですが，
どのような金属でも水に溶けるわけではありません。
先ほども言いましたが，H₂O はごくわずかしか電離しておらず，
H⁺ は極めて少量しか存在していないため，
イオン化傾向が非常に大きい金属でないと，
水中で e⁻ を放出することができないのです。

具体的には，イオン化傾向 Li〜Na の金属は，
常温の水と反応して H₂ を発生します。
Mg は，常温の水とはほとんど反応しませんが，
熱水とは反応して H₂ を発生します。
さらに，イオン化傾向 Li〜Fe の金属は，
高温の水蒸気と反応して H₂ を発生します。
しかし，イオン化傾向 Ni〜Au の金属は，水とは反応しません。

下の にまとめておきますので，整理しておいてくださいね。

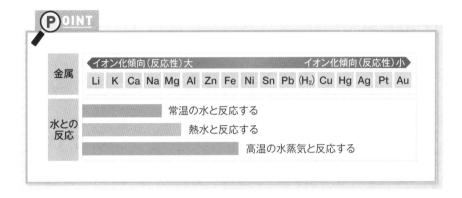

3 金属と酸の反応

酸の水溶液中では，**水素イオンH^+が多量に存在している**ため，水H_2Oの場合よりも金属が反応しやすくなります。
例えば，亜鉛Znの単体は常温の水とは反応しませんでしたが，下図のように，塩酸とは反応して水素H_2を発生します。

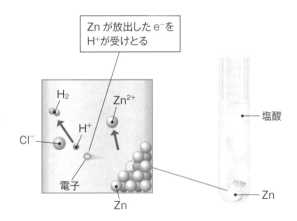

なお，この反応の化学反応式は 3-4 で学習したとおり，次のように書けます。

$$
\begin{array}{lll}
\boxed{\text{O}} & 2H^+ + \mathbf{2e^-} & \rightarrow H_2 \\
\boxed{\text{R}} & Zn & \rightarrow Zn^{2+} + \mathbf{2e^-} \\
\hline
& 2H^+ + Zn & \rightarrow H_2 + Zn^{2+}
\end{array}
$$

（2Cl⁻を足す）⬇（2Cl⁻を足す）

$$2HCl + Zn \rightarrow H_2 + ZnCl_2$$

このように，多くの金属は H_2 を発生しながら酸に溶解するのですが，
すべての金属が溶解するわけではありません。

上の例の場合，**Zn は H_2 よりもイオン化傾向が大きいために**
H^+ に e^- を与えることができるのです。
つまり，H₂ よりもイオン化傾向が小さい金属は，
H⁺に e⁻ を与えることはできないため，酸に溶けません。
具体的には，**イオン化傾向 Li〜Pb の金属は酸に溶けて H_2 を発生し，**
イオン化傾向 Cu〜Au の金属は酸に溶けません。

ただし，次の例外を覚えておいてください。
実は，鉛 Pb が e^- を放出して生じる Pb^{2+} は，
塩酸中の Cl⁻ や希硫酸中の SO_4^{2-} と結びついて，
Pb の表面に水に難溶性の塩を形成します。
そのため，反応が途中で止まってしまい，
Pb は「塩酸」と「希硫酸」には溶けないことになります。

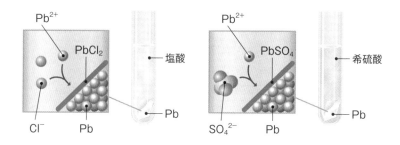

さぁ，ここからは少し複雑になりますので，よく聞いてくださいね！

実は，銅 Cu は濃硝酸 HNO_3 に気体を発生しながら溶解します。

「えっ，Cu は酸に溶けないんじゃないの？」と疑問に思いますよね。

確かに，Cu は H_2 よりもイオン化傾向が小さいため，

H^+ に e^- を与えることはできません。

しかし，p.45 の表を見てみると，

濃硝酸は酸化剤 O の欄に載っていますね。

つまり，**濃硝酸は相手から e^- を奪う作用をもつため，**

Cu から e^- を奪うのです。

具体的には，HNO_3 分子中の N 原子が e^- を奪い，

二酸化窒素 NO_2 に変化します。

このとき，N 原子の酸化数は $+5$ から $+4$ に減少します。

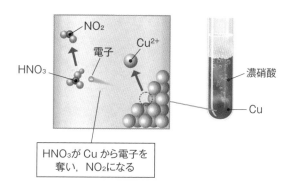

HNO₃ が Cu から電子を
奪い，NO₂ になる

なお，この反応の化学反応式は次のように書けます。

$$\underline{\begin{array}{llll} \boxed{\text{O}} & HNO_3 & + H^+ + \mathbf{e}^- & \rightarrow NO_2 + H_2O & (\times 2) \\ \boxed{\text{R}} & Cu & & \rightarrow Cu^{2+} + \mathbf{2e}^- \end{array}}$$

$$2HNO_3 + 2H^+ + Cu \rightarrow 2NO_2 + 2H_2O + Cu^{2+}$$
$$(2NO_3^-) \quad \downarrow \quad (2NO_3^-)$$
$$4HNO_3 \qquad + Cu \rightarrow 2NO_2 + 2H_2O + Cu(NO_3)_2$$

このように，H_2 よりイオン化傾向が小さい金属であっても，
イオン化傾向 Cu～Ag は酸化剤としてはたらく酸（e^- を奪う力がある酸）には
溶けます。
ただし，発生する気体は H_2 ではないので注意してくださいね。
なお，<u>酸化剤としてはたらく酸には，濃硝酸のほかに</u>
<u>希硝酸，熱濃硫酸</u>（加熱した濃硫酸）があります。
金属が溶けたとき，希硝酸では一酸化窒素 NO，
熱濃硫酸では二酸化硫黄 SO_2 が発生します。
p.45 の表で確認してくださいね。

一般に，イオン化傾向 Li～Ag の金属は
硝酸に溶けますが，
ここにも例外があり，
Al，Fe，Ni は，濃硝酸には溶けません。
これは，<u>金属の表面にち密な酸化被膜を</u>
<u>形成し，内部を保護する状態となるためです。</u>
このような状態を**不動態**といいます。

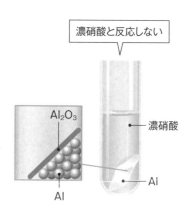

濃硝酸と反応しない

Al_2O_3

Al

Al

濃硝酸

Al

さて，**イオン化傾向が極めて小さいPtとAuは，**
濃硝酸，希硝酸，熱濃硫酸にも溶けません。
しかし，PtとAuも**王水**（濃硝酸と濃塩酸を
体積比1：3で混合した溶液）には溶解します。

王水と反応する

― 王水

金箔 Au

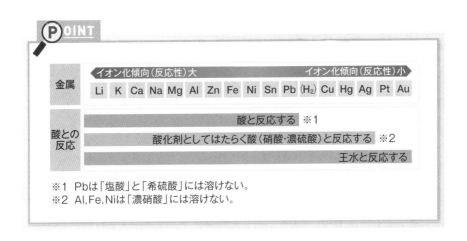

| **(P)OINT** | | |

	イオン化傾向（反応性）大　　　　　　　　イオン化傾向（反応性）小
金属	Li　K　Ca　Na　Mg　Al　Zn　Fe　Ni　Sn　Pb　(H₂)　Cu　Hg　Ag　Pt　Au

酸との反応	酸と反応する ※1
	酸化剤としてはたらく酸（硝酸・濃硫酸）と反応する ※2
	王水と反応する

※1　Pbは「塩酸」と「希硫酸」には溶けない。
※2　Al, Fe, Niは「濃硝酸」には溶けない。

以上で「化学基礎の復習」はおしまいです。
この先の学習でも，必要に応じて
Part 1の内容を振り返りながら進めていきましょう！

確認テスト

問1 次の文章を読み，下の問いに答えよ。

　過マンガン酸カリウム $KMnO_4$ は　ア　されやすく，強い酸化剤としてはたらく。$KMnO_4$ が酸性溶液中で酸化剤として作用すると，Mn^{2+} に変化する。このとき，Mn 原子の酸化数は　イ　から　ウ　に変化している。また，過酸化水素 H_2O_2 は，酸化剤にも還元剤にもなり得るが，$KMnO_4$ のような強い酸化剤と反応するときは還元剤としてはたらく。H_2O_2 が還元剤として作用すると，O_2 に変化する。このとき，O 原子の酸化数は　エ　から　オ　に変化している。

(1)　ア　〜　オ　に当てはまる語句または酸化数を答えよ。

(2) $KMnO_4$ が酸性溶液中で酸化剤としてはたらくときの半反応式を答えよ。

(3) H_2O_2 が還元剤としてはたらくときの半反応式を答えよ。

(4) (2)と(3)で答えた半反応式をもとに，硫酸酸性下における $KMnO_4$ と H_2O_2 の酸化還元反応の化学反応式を答えよ。

問2 次の文章を読み，下の問いに答えよ。

　水や水溶液の中に金属を入れると，電子を失って陽イオンになり，溶け出すことがある。このように，金属が水溶液中で陽イオンになろうとする性質を金属の　ア　といい，金属を　ア　が大きい順に並べたものを　イ　という。Li，K，Ca，Na は，常温の水と反応して　ウ　を発生しながら溶ける。Mg，Al，Zn，Fe，Ni，Sn は，常温の水とは反応しないが，塩酸や希硫酸とは反応して　ウ　を発生しながら溶ける。一方，Cu，Hg，Ag は，塩酸や希硫酸とは反応しないが，硝酸や熱濃硫酸とは反応して溶ける。Cu，Hg，Ag は，希硝酸と反応すると　エ　が，濃硝酸では　オ　が，熱濃硫酸では　カ　がそれぞれ発生する。Al，Fe，Ni は，濃硝酸には溶けない。これは金属の表面にち密な酸化物の被膜ができて内部を保護する状態になるからである。このような状態は　キ　と呼ばれる。Pt，Au は，硝酸にも熱濃硫酸にも溶けないが，濃硝酸と濃塩酸を体積比 1：3 で混合した溶液である　ク　には溶ける。

(1)　ア　〜　ク　に当てはまる語句を答えよ。

(2) 次の操作のうち，金属板が溶解するものをすべて選び，番号で答えよ。

　　① 硫酸亜鉛水溶液に銅板を浸す。
　　② 硝酸銀水溶液に銅板を浸す。
　　③ 硫酸銅(Ⅱ)水溶液に鉄板を浸す。
　　④ 硫酸鉄(Ⅱ)水溶液に銀板を浸す。

解答・解説

問1 (1) 空欄に当てはまる語句または酸化数は，それぞれ次のとおりです。H_2O_2 中の O 原子の酸化数は "-2" ではなく，"-1" なので注意してくださいね。

答 ア：**還元**　イ：**＋7**　ウ：**＋2**　エ：**－1**　オ：**0**

(2) $KMnO_4$ の電離で生じた MnO_4^- は Mn^{2+} に変化することを覚えておきましょう！ その上で，左右の「O 原子の数」，「H 原子の数」，「電荷」をこの順に揃えていくと，次のようになりますね。

答 $MnO_4^- + 8H^+ + 5e^- \rightarrow Mn^{2+} + 4H_2O$

(3) H_2O_2 は還元剤としてはたらくとき，O_2 に変化することを覚えておきましょう（ちなみに，酸化剤としてはたらくときは H_2O に変化します）！　さて，今回は O 原子の数が最初から揃っているので，左右の「H 原子の数」，「電荷」を揃えると，次のようになります。

答 $H_2O_2 \rightarrow O_2 + 2H^+ + 2e^-$

(4) (2)と(3)でつくった半反応式を足すと，次のイオン反応式が得られます。

$$\boxed{O}\ \ MnO_4^- + 8H^+ + 5e^- \rightarrow Mn^{2+} + 4H_2O \qquad (\times 2)$$
$$\underline{\boxed{R}\ \ H_2O_2 \qquad\qquad\qquad \rightarrow O_2 \quad + 2H^+ + 2e^- \ (\times 5)}$$
$$2MnO_4^- + 6H^+ + 5H_2O_2 \rightarrow 2Mn^{2+} + 8H_2O + 5O_2$$

続けて，MnO_4^- の対イオンである "K^+" 2つと，H^+ の対イオンである "SO_4^{2-}" 3つを，それぞれ左辺と右辺に付け足して化学反応式とします。

$$2MnO_4^- + 6H^+ \qquad + 5H_2O_2 \longrightarrow 2Mn^{2+} \quad + 8H_2O + 5O_2$$

$\quad$ 2K^+ と 3SO_4^{2-} を足す $\qquad\Downarrow\qquad$ 2K^+ と 3SO_4^{2-} を足す

$$2KMnO_4 + 3H_2SO_4 + 5H_2O_2 \longrightarrow 2MnSO_4 + 8H_2O + 5O_2 + K_2SO_4$$

答 $2KMnO_4 + 3H_2SO_4 + 5H_2O_2 \rightarrow 2MnSO_4 + 8H_2O + 5O_2 + K_2SO_4$

問2 (1) 空欄に当てはまる語句は，それぞれ次のとおりです。

答 ア：**イオン化傾向**　イ：**イオン化列**　ウ：**水素**　エ：**一酸化窒素**
$\quad$ オ：**二酸化窒素**　カ：**二酸化硫黄**　キ：**不動態**　ク：**王水**

(2) ①～④の操作に関わる金属のイオン化傾向の大きさは，Zn＞Fe＞Cu＞Ag です。**よりイオン化傾向が小さい金属イオンが溶けた水溶液に，よりイオン化傾向が大きい金属板を浸したときに金属板が溶解します。**

① Zn^{2+}水溶液＋Cu 板…反応しない　② Ag^+水溶液＋Cu 板…金属板が溶解する
③ Cu^{2+}水溶液＋Fe 板…金属板が溶解する　④ Fe^{2+}水溶液＋Ag 板…反応しない

答 ②，③

Check Point

入試でよく問われる要点を整理しよう!!

Chapter 1　周期表

☐☐☐　1. 元素を原子番号の順に並べていくと，性質のよく似た元素が周期的に現れることを元素の何という？ ▶ p.10

☐☐☐　2. 下の図において，典型元素（非金属元素）・典型元素（金属元素）・遷移元素の位置を示してみて！ ▶ p.12

周期\族	1	2	3	4	5	6	7	8	9	10	11	12	13	14	15	16	17	18
1	H																	He
2	Li	Be											B	C	N	O	F	Ne
3	Na	Mg											Al	Si	P	S	Cl	Ar
4	K	Ca	Sc	Ti	V	Cr	Mn	Fe	Co	Ni	Cu	Zn	Ga	Ge	As	Se	Br	Kr
5	Rb	Sr	Y	Zr	Nb	Mo	Tc	Ru	Rh	Pd	Ag	Cd	In	Sn	Sb	Te	I	Xe
6	Cs	Ba	ランタ ノイド	Hf	Ta	W	Re	Os	Ir	Pt	Au	Hg	Tl	Pb	Bi	Po	At	Rn
7	Fr	Ra	アクチ ノイド	Rf	Db	Sg	Bh	Hs	Mt	Ds	Rg	Cn						

☐☐☐　3. 1族（H以外），2族（Be，Mg以外），17族，18族の元素をそれぞれ何という？ ▶ p.11

☐☐☐　4. 周期表で横に隣り合う元素どうしでも性質が類似するのは，典型元素と遷移元素のうち，どっち？ ▶ p.12

☐☐☐　5. 原子番号1～20の元素をすべて言ってみて！ ▶ p.13

☐☐☐　6. 周期表において，陽性が強い傾向にあるのはどこ？ ▶ p.14

☐☐☐　7. 周期表において，陰性が強い傾向にあるのはどこ？ ▶ p.14

☐☐☐　8. 常温・常圧において，単体が液体で存在する元素をすべて答えてみて！ ▶ p.15

Chapter 2　酸と塩基

☐☐☐　9. アレニウスによる酸と塩基の定義は？ ▶ p.18

☐☐☐　10. 電離度を示す関係式は？ ▶ p.19

☐☐☐　11. 強酸と弱酸の違いは？ ▶ p.19

☐☐☐　12. 強酸となる物質をできるだけ多く言ってみよう！ ▶ p.21

☐☐☐　13. 強塩基となる物質は，何の水酸化物？ ▶ p.21

Chapter 3　酸化還元

Column

「知識」と「思考」のバランスが大切！

大学入試においては、「知識問題」が多く出題される科目もあれば、考えて解く必要がある「思考問題」が出題される科目もあります。

化学はどちらのタイプの科目なのでしょうか？ 答えはズバリ**「思考問題」と「知識問題」の割合が半分ずつくらいの科目です！** 教科書に出てくる用語や反応を頑張って覚えたとしても、それだけでは「思考問題」に対応できません。その場で考えて解く必要がある問題も多く出題されるのです。

一方で、深い思考力をもち、「考えて解くこと」が得意な受験生であっても、「覚えること」をサボってしまうと「知識問題」を解くことはできません。化学の受験勉強では、**「思考問題」を解く力と「知識問題」を解く力をバランスよく身につけることがとても大切です。**

さて、本書で学習している「無機化学」は、どちらかというと「知識問題」の割合が多い分野です。そのため覚えることが多いのですが、このとき**ただ単に暗記するのではなく、可能な限りその現象が起こる「理由」も含めて覚えるようにしましょう。**

「AはBである」という事柄を覚えるとき、「Aは"Cだから"Bである」と覚えるイメージですね。例えば「窒素 N_2 は、反応性に乏しい」と覚えるだけでなく、「窒素 N_2 は、**"N≡N結合（三重結合）が切れにくいため"**ほかの原子と結びつきにくい」というように、「理由」も含めて理解し、覚えられればよいですね。実際に入試問題で問われるのは「窒素 N_2 は、反応性に乏しい」という部分だけであっても、それだけ覚えようとすると頭に残らずに忘れてしまいますからね……。

本書でも可能な限り、「理由」をつけながら説明しているので、皆さんもそれを意識して学習を進めていくようにしましょう！

非金属元素

Chapter **4**

水素と貴(希)ガス

Chapter 4からは，各元素の性質について
学習していきます。
まずは「水素」と「貴(希)ガス」について
見ていきましょう！

族数	1	2	...	12	13	14	15	16	17	18
1	H									He
2	Li	Be			B	C	N	O	F	Ne
3	Na	Mg			Al	Si	P	S	Cl	Ar
4	K	Ca	...	Zn	Ga	Ge	As	Se	Br	Kr
5	Rb	Sr	...	Cd	In	Sn	Sb	Te	I	Xe
6	Cs	Ba	...	Hg	Tl	Pb	Bi	Po	At	Xe
7	Fr	Ra	...	Cn						Rn

4-1 水素H

空気を構成する元素は，主に窒素Nや酸素Oですね。
では，宇宙はどんな元素で構成されているのでしょう？
実は，**宇宙はほとんど水素H（約75％：質量比）と
ヘリウムHe（約23％：質量比）で構成されている**んです。

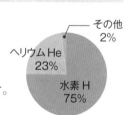

▲宇宙での元素の質量比

宇宙は，「ビッグバン」という
大爆発によって誕生したと考えられていますが，
この爆発の直後に陽子，電子，中性子が誕生し，そこから
最も単純な構造をもつ原子である水素やヘリウムが生成したのです。
その後，徐々に別の元素も誕生することになるのですが，
現在も宇宙を占める元素の中心は，水素とヘリウムです。
なお地球上でも，水素は水や有機物などの成分として多く存在する元素であり，
僕たちにとって身近な元素です。

1 単体の製法

Ⓐ 実験室的製法

水素H_2は無色・無臭で，**あらゆる気体の中で最も軽い気体**です。

実験室では，塩酸や希硫酸などの酸に，

亜鉛Znや鉄Feなどの金属を溶かして発生させます。

これは，Chapter 3のp.53で確認した反応ですね！

また，H_2は水に溶けにくい気体なので，水上置換で捕集します。

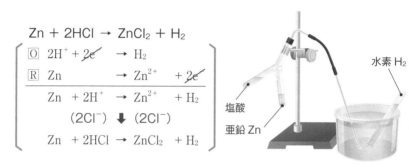

$$Zn + 2HCl \rightarrow ZnCl_2 + H_2$$

$$\boxed{O} \quad 2H^+ + 2e^- \rightarrow H_2$$

$$\boxed{R} \quad Zn \rightarrow Zn^{2+} + 2e^-$$

$$Zn + 2H^+ \rightarrow Zn^{2+} + H_2$$

$$(2Cl^-) \Downarrow (2Cl^-)$$

$$Zn + 2HCl \rightarrow ZnCl_2 + H_2$$

水素 H_2

塩酸

亜鉛 Zn

H_2を捕集した試験管に空気を混合しマッチで点火すると，

次の反応が起こり，水が生成します。

$$2H_2 + O_2 \longrightarrow 2H_2O$$

このとき，**「ポンッ」という爆発音がするので，**

この反応はH_2の検出に利用されます。

このように，「無機化学」の分野では，

色々な物質の「検出法」がたくさん登場するので，

出てくるたびに整理して，1つ1つ覚えていきましょう！

Ⓑ 工業的製法

水素H_2は燃料電池の燃料に利用されるなど，工業的にも重要な物質です。

そのため，大量に生産する必要があり，

現在では，主に天然ガス（主成分：メタンCH_4）と

水蒸気H_2Oを触媒の存在下で反応させることによって製造されています。

$$CH_4 + H_2O \longrightarrow CO + 3H_2$$

4-2 貴(希)ガス

周期表の18族元素He, Ne, Ar, Kr, Xe, Rnは, **貴(希)ガス**と呼ばれ,
互いによく似た性質を示します。
ここでは, 貴(希)ガスについて確認していきましょう!

1 貴(希)ガス原子の電子配置

貴(希)ガスの原子は, **安定な電子配置◆をしており**,
ほかの原子と化学結合をつくりにくいといった性質をもちます。

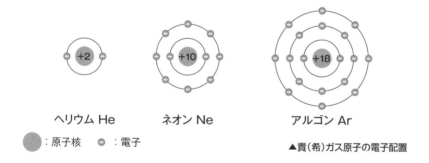

ヘリウム He　　　　　ネオン Ne　　　　　アルゴン Ar

●：原子核　　●：電子

▲貴(希)ガス原子の電子配置

そのため, 貴(希)ガスは, 主に**単原子分子**(原子1つからなる分子)の
気体(無色・無臭)として存在しています。

2 性質・用途

Ⓐ ヘリウム

4-1でも確認したように, **ヘリウムHeは単純な構造をもつ原子のため**,
Hと共に宇宙を構成する主な元素です。

◆ K殻, L殻は, それぞれ2個, 8個の電子で満たされると安定になる。M殻は最大で18個まで電子を収容する
　ことができるが, 8個の状態も安定である。

水素H₂に次いで軽い気体であり，化学的に安定であることから，
風船や気球の浮揚ガスに利用されています。
（H₂は反応性が高く爆発する危険があるため，
用いられません）
また，「ヘリウムガス」を吸うことで声が高くなるのを，
テレビなどで見たことがある人もいるのではないでしょうか。
Heは空気よりも軽く，人体に毒性を示さないことから
このような用途に用いられるのですが，
使い方を間違えると，酸欠状態となってしまい危険ですので，
使用する機会がある人はくれぐれも気をつけてくださいね！

Ⓑ ネオン

夜の街中で見られるネオンサインには，
ネオンNeなどの貴（希）ガスが用いられています。
放電管に貴（希）ガスを封入し，放電することで発光します。
このとき，封入する貴（希）ガスの割合を変えることで，
様々な色の光を発することができます。

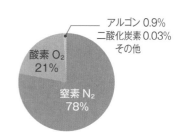

Ⓒ アルゴン

アルゴンArは，空気中に体積比で約0.9％
存在しており，窒素，酸素に続き，
空気中に三番目に多く含まれる気体です。
また電球には，フィラメントが短時間で
燃え尽きてしまうのを防ぐために，
反応性に乏しいArが充填されています。

アルゴン 0.9%
二酸化炭素 0.03%
その他
酸素 O₂ 21%
窒素 N₂ 78%

▲空気中に含まれる気体の割合（体積比）

これでChapter 4はおしまいです。
「水素」と「貴（希）ガス」は，
それほど覚えることは多くないですが，
次ページの「確認テスト」の問題は
スラスラ解けるようにしておきましょう！

確認テスト

問1 次の文章を読み，下の問いに答えよ。

　　水素は周期表の　ア　族に属する唯一の　イ　元素である。宇宙を構成する元素の量（質量比）は，水素が最も多く，続いて　ウ　が多い。単体の水素 H_2 は，常温・常圧で無色・無臭の気体である。実験室では，(a)鉄などのイオン化傾向が大きい金属に希硫酸などの酸を加えることにより発生させる。

　　水素は燃料電池などのエネルギー源として注目されている。そのため工業的にも重要であり，現在では，主に(b)天然ガスと水蒸気を触媒の存在下で反応させることによって製造されている。

(1)　ア　〜　ウ　に当てはまる語句または数値を答えよ。

(2) 水素は最も軽い気体であるにも関わらず，風船の浮揚ガスにはヘリウムが使われている。その理由を簡潔に答えよ。

(3) 下線部(a)について，鉄に希硫酸を加えて水素が発生する反応の化学反応式を答えよ。

(4) 下線部(b)について，天然ガスの主成分であるメタン CH_4 と水蒸気から水素が生成する反応の化学反応式を答えよ。

問2 次の文章を読み，下の問いに答えよ。

　　原子がほかの原子と化学結合をつくるとき特に重要なはたらきをしている電子を　ア　といい，18族元素の He，Ne，　イ　，Kr，Xe，Rn では原子の電子配置が安定であるため，　ア　の数は　ウ　個とみなされる。よって，これらの元素はほかの原子と化学結合をつくりにくく，単体は　エ　の気体として存在している。

(1)　ア　〜　エ　に当てはまる語句，元素記号または数値を答えよ。

(2) 18族元素は，まとめて何と呼ばれるか答えよ。

(3) 18族元素のうち，単体が空気中に最も多く存在するものを元素記号で答えよ。

解答・解説

問1 (1) 空欄に当てはまる語句または数値は，それぞれ次のとおりです。

> **答** ア：**1** イ：**非金属** ウ：**ヘリウム**

(2) 浮揚ガスに用いるためには「軽い気体」である必要がありますが，**水素は反応性が高く，酸素と反応して爆発する危険がある**ため，実際にはヘリウムが利用されています。

> **答** **水素は爆発する危険があるから。**

(3) この反応では，硫酸から生じた水素イオンが酸化剤，鉄が還元剤としてはたらいています。化学反応式は，次のようにつくることができますね。

> $\boxed{O}$ $2H^+ + 2e^- \rightarrow H_2$
> $\boxed{R}$ $Fe \rightarrow Fe^{2+} + 2e^-$
> $\overline{Fe + 2H^+ \rightarrow Fe^{2+} + H_2}$
> $(SO_4{}^{2-}) \quad \downarrow (SO_4{}^{2-})$
> $Fe + H_2SO_4 \rightarrow FeSO_4 + H_2$

> **答** $Fe + H_2SO_4 \rightarrow FeSO_4 + H_2$

(4) 水素は，工業的には天然ガス（主成分：CH_4）と水蒸気を次のように反応させて製造されています。

> **答** $CH_4 + H_2O \rightarrow CO + 3H_2$

問2 (1) 空欄に当てはまる語句，元素記号または数値は，それぞれ次のとおりです。アは「化学結合をつくるとき特に重要なはたらきをしている電子」なので，「最外殻電子」ではなく「価電子」が正解となります。気をつけましょう！

> **答** ア：**価電子** イ：**Ar** ウ：**0** エ：**単原子分子**

(2) 周期表の18族元素は，「貴（希）ガス」と呼ばれます。さらに，Hを除く1族元素は「アルカリ金属」，Be，Mgを除く2族元素は「アルカリ土類金属」，17族元素は「ハロゲン」と呼ばれるので，これらもまとめて覚えておきましょう！

> **答** **貴（希）ガス**

(3) 空気中に最も多く存在する気体は窒素N_2，二番目は酸素O_2，そして**三番目は貴（希）ガスのアルゴンAr**です。なお，四番目は二酸化炭素CO_2であり，ここまでは入試で問われることもあるので覚えておいてくださいね。 **答** **Ar**

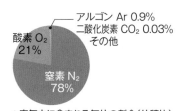

アルゴン Ar 0.9%
二酸化炭素 CO_2 0.03%
その他
酸素 O_2 21%
窒素 N_2 78%

▲空気中に含まれる気体の割合（体積比）

Chapter **5**

17族元素（ハロゲン）

周期表の17族元素（F，Cl，Br，I，At）
はハロゲンと呼ばれ，互いによく似た化学
的性質をもっています。単体や化合物の性
質を1つずつ整理していきましょう！
「酸・塩基の反応」や「酸化還元反応」も
出てくるので，Part 1「化学基礎の復習」
の内容も参考にしながら，聞いてください
ね。

族 周期	1	2		12	13	14	15	16	17	18
1	H									He
2	Li	Be			B	C	N	O	F	Ne
3	Na	Mg			Al	Si	P	S	Cl	Ar
4	K	Ca		Zn	Ga	Ge	As	Se	Br	Kr
5	Rb	Sr		Cd	In	Sn	Sb	Te	I	Xe
6	Cs	Ba		Hg	Tl	Pb	Bi	Po	At	Rn
7	Fr	Ra		Cn						

なお，高校化学でAtを取りあつかうことはほとんどないので，
ここでは，F，Cl，Br，Iに絞って見ていきます。

5-1 ハロゲンの単体の性質

1 常温・常圧での状態と色

ハロゲンの単体は，すべて**二原子分子**（原子2つからなる分子）であり，
常温・常圧では，<u>フッ素F_2と塩素Cl_2は気体，臭素Br_2は液体，
ヨウ素I_2は固体</u>として存在しています。
ただし，皆さんはこれらをただ暗記するのではなく，次のように考えてください。
一般に**分子の形がよく似た物質どうしでは，
分子量が大きいほど分子間力が強くはたらくため，
沸点や融点が高くなります。**
よって，分子量が最も大きいI_2は固体，
二番目に大きいBr_2は液体として存在するのです。

また，ハロゲンの単体は，固有の「色」をもちます。
状態と一緒に覚えておきましょう！

ハロゲンの単体	フッ素 F_2	塩素 Cl_2	臭素 Br_2	ヨウ素 I_2
色	淡黄色	黄緑色	赤褐色	黒紫色
常温・常圧での状態	気体	気体	液体	固体
分子量	小 ──────────────→ 大			

2 酸化力

ここでは，ハロゲンの単体について学習するうえで，
最も重要な性質について説明していきます。
それは，ハロゲンの単体がすべて
強い酸化力（酸化剤○としての力）をもつということです。
「酸化力」とは**相手から電子e^-を奪いとる力**のことでしたね。
ハロゲンが電子e^-を受けとり，1価の陰イオンになりやすいということを
すでに知っていた人もいるのではないでしょうか？

$$○\quad F_2 + 2e^- \rightarrow 2F^-$$
$$○\quad Cl_2 + 2e^- \rightarrow 2Cl^-$$
$$○\quad Br_2 + 2e^- \rightarrow 2Br^-$$
$$○\quad I_2 + 2e^- \rightarrow 2I^-$$

また，ハロゲンの単体の中で比較すると，
原子番号が小さいほど，酸化力が強くなります。

酸化力 ➡ $F_2 > Cl_2 > Br_2 > I_2$

つまり，原子番号が小さくなるほど，電子をより強く引きつけるのです！
これは，原子番号が小さい元素の原子ほど，
原子核と電子の距離が近くなるためだと考えれば理解できますね。

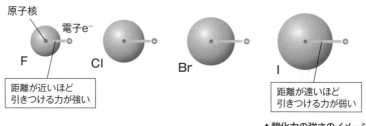

▲酸化力の強さのイメージ

さらに，この事実は，「共有電子対を引きつける力」を表す，
電気陰性度（p.38）の大きさの比較からも納得できますね。

ちなみに，Fはすべての元素の中で最も電気陰性度が大きく，
電子を引きつける力は誰にも負けません。
よって，高校化学であつかう物質の中では，**F_2の酸化力が最強！**
と覚えておきましょう。
では，酸化力の強弱を意識して，具体的な反応例を確認していきます。

Ⓐ 酸化力の比較

次の2つの反応式を見てください。

$$2KI \;\; + Br_2 \rightarrow 2KBr + I_2$$
$$2KCl + Br_2 \rightarrow 2KBr + Cl_2$$

この2つの反応のうち，一方は実際に起こる反応ですが，
もう一方は起こらない反応です。

まず，1つ目の反応では，
臭素Br_2が酸化剤，ヨウ化カリウムKIが還元剤としてはたらいています。

ここで大切なのは，Br_2 とヨウ素 I_2 の酸化剤としての力，つまり酸化力は，
Br_2 の方が上であるということです。

よって，酸化力がより強い Br_2 が酸化剤としてはたらくこの反応は
実際に起こる反応です。

一方，もし左向きの反応（逆反応）が起こるとすると，

その反応の酸化剤は I_2 になります。

しかし，I_2 の酸化力は Br_2 よりも弱いので，そのような反応は起こりません。

次に，2つ目の反応を見てみましょう。

まず，Br_2 と塩素 Cl_2 の酸化力を比べると，Cl_2 の方が強いですね。

右向きの反応を考えると，Br_2 が酸化剤となるため，

この反応は起こらないことがわかります。

次に左向きの反応を考えてみると，Cl_2 が酸化剤となるため，

これは実際に起こる反応だとわかります。

したがって，この反応は右向きへは進まないことがわかります。

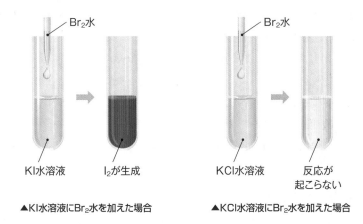

▲KI水溶液にBr₂水を加えた場合　　　　▲KCl水溶液にBr₂水を加えた場合

このように，ハロゲンの単体の酸化力の強弱を覚えておくことで，
実際にその反応が起こるのかどうかを判断することができるのです。

❷ 水素との反応

F_2 と水素 H_2 は，F_2 のもつ強力な酸化作用によって爆発的に反応し，
直ちにフッ化水素HFを生じます。

$$\underset{0}{F_2} + \underset{0}{H_2} \xrightarrow[\text{（爆発的）}]{} \underset{+1\ -1}{2HF}$$

$$\left[\begin{array}{l} \boxed{O}\ F_2 + 2e^- \longrightarrow 2F^- \\ \boxed{R}\ H_2 \qquad\ \longrightarrow 2H^+ + 2e^- \\ \hline \quad F_2 + H_2 \longrightarrow 2HF \end{array}\right.$$

Cl_2 と H_2 は，接触させるだけではほとんど反応しませんが，
光を当てると爆発的に反応し，塩化水素HClが生成します。

$$\underset{0}{\underline{Cl}_2} + \underset{0}{\underline{H}_2} \xrightarrow[\text{(爆発的)}]{\text{光}} \underset{+1\ -1}{2H\underline{Cl}}$$

$$\left. \begin{array}{l} \boxed{O}\ Cl_2 + 2e^- \longrightarrow 2Cl^- \\ \boxed{R}\ H_2 \qquad\qquad \longrightarrow 2H^+ + 2e^- \\ \hline Cl_2 + H_2 \longrightarrow 2HCl \end{array} \right\}$$

なお，Br_2 や I_2 の酸化力は F_2 や Cl_2 と比べて弱いため，
H_2 とはほとんど反応しません。

● 水との反応

F_2 と水 H_2O は，F_2 のもつ強力な酸化作用によって激しく反応し，
酸素 O_2 を生じます。

$$\underset{0}{2\underline{F}_2} + \underset{-2}{2H_2\underline{O}} \longrightarrow \underset{-1}{4H\underline{F}} + \underset{0}{\underline{O}_2}$$

$$\left. \begin{array}{l} \boxed{O}\ F_2 + 2e^- \longrightarrow 2F^-\ (\times 2) \\ \boxed{R}\ 2H_2O \qquad \longrightarrow O_2 + 4H^+ + 4e^- \\ \hline 2F_2 + 2H_2O \longrightarrow 4HF + O_2 \end{array} \right\}$$

さて，この反応では H_2O 分子中の O 原子の酸化数が増加しており，
O 原子が電子 e^- を奪われていますが，
一般に，O の電気陰性度は非常に大きいため，
O 原子が電子 e^- を誰かに奪われることはほとんどありません。
しかし，今回は反応する相手が悪かったのです……。
相手は極めて強い酸化剤である F_2 です。
（F は O よりも電気陰性度が大きいですね）
したがって，H_2O と反応して O_2 が発生するのは，

F_2 くらいであると覚えておきましょう！

フッ素 F_2 は水 H_2O と反応して
酸素 O_2 を発生する！

では，続けて Cl_2 と H_2O の反応を見ていきます。

Cl は O よりも電気陰性度が小さいため，

H_2O 分子中の O 原子が電子 e^- を奪われることはなく，<u>O_2 は発生しません</u>。

ここでは，塩化水素 HCl（強酸）と**次亜塩素酸 HClO**（弱酸）が生成します。

$$\underset{0}{\underline{Cl}_2} + H_2O \rightleftharpoons \underset{-1}{H\underline{Cl}} + \overset{次亜塩素酸}{\underset{+1}{H\underline{Cl}O}}$$

化学反応式の矢印を "$\rightleftharpoons$" と表していることからもわかるように，

この反応はわずかに起こる程度であり，すぐに平衡状態になってしまいます。

ですから，**Cl_2 は H_2O とわずかに反応して**

HCl と HClO を生成すると覚えておきましょう。

なお，この反応は「**自己酸化還元反応**」といい，

<u>Cl_2 自身が酸化剤でもあり還元剤でもある酸化還元反応</u>です。

少し難しいですが，反応式を頑張って覚えましょう！

覚えにくい人は，次のようにイメージしておくといいと思います。

Cl_2 分子中の共有電子対が一方の Cl 原子の方へ引き寄せられて，

Cl^- と Cl^+ が生成し，

これらが H_2O から生じた H^+ や OH^- と組み合わさるのです。

$$\underset{0}{Cl_2} + H_2O \;\rightleftharpoons\; \underset{-1}{HCl} + \underset{+1}{HClO}$$

$$\overset{R}{:}\overset{}{Cl}:\overset{O}{Cl}: \quad H^+ \quad OH^-$$

さて，ここで生成した"次亜塩素酸 HClO"は，
入試問題によく登場する重要な物質ですので，
その性質を確認しておきましょう。
HClO は水中でわずかに電離しており，次亜塩素酸イオン ClO^- を生じます。
ClO^- 中の Cl 原子の酸化数は"$+1$"ですが，
Cl 原子は"-1"になりたいと思っているため，
ほかの物質から電子 e^- を奪う力をもっています。
そうです，ClO^- は強い酸化力をもつのです。

$$\boxed{O}\; \underset{+1}{ClO^-} + 2H^+ + 2e^- \;\longrightarrow\; \underset{-1}{Cl^-} + H_2O$$

Cl 原子は酸化数
"-1"になりたい

なぜ，入試問題によく登場するのかというと，
ClO^- が細菌の組織や色素のもととなる有機物を
分解する強い酸化作用をもち，
殺菌剤や漂白剤として用いられているからです。
ナトリウム塩（次亜塩素酸ナトリウム NaClO）などの形で
漂白剤に加えられているので，時間があるときにでも，
家にある漂白剤の成分表を見てみましょう！

漂白剤
CLEAN

次亜塩素酸HClOは，強い酸化力をもつ!

また，Br_2 は H_2O とごくわずかに反応し，I_2 はほとんど反応しません。

I_2 は H_2O とほとんど反応せず，無極性分子のため**水に溶けにくいのですが，**
ヨウ化カリウムKI水溶液にはよく溶けます。
これは，水溶液中で I_2 とヨウ化物イオン I^- が反応して，
三ヨウ化物イオン I_3^-（褐色）となり，このイオンが水によく溶けるからです。

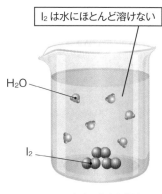

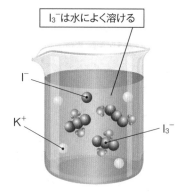

▲I_2 を水に入れた場合　　　　　▲I_2 を KI 水溶液に入れた場合

なお，I_2 はその酸化力によって殺菌作用を示すため，
うがい薬に用いられています。
I_2 を KI 水溶液に溶かして用いるため，
うがい薬は，I_3^- の影響で褐色となります。
もし皆さんの家に I_2 を含んだうがい薬があれば，
ぜひ，その色を確認してみてくださいね。
以上で，ハロゲンの単体の酸化力についての内容は
おしまいです。
次のように整理しておきましょう。

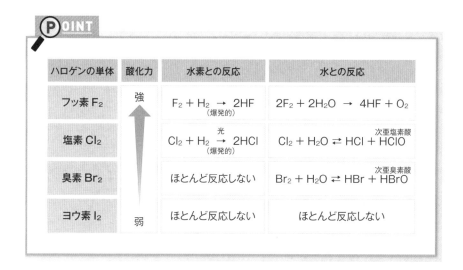

ハロゲンの単体	酸化力	水素との反応	水との反応
フッ素 F_2	強 ↑	$F_2 + H_2 \rightarrow 2HF$ （爆発的）	$2F_2 + 2H_2O \rightarrow 4HF + O_2$
塩素 Cl_2		$Cl_2 + H_2 \xrightarrow{\text{光}} 2HCl$ （爆発的）	次亜塩素酸 $Cl_2 + H_2O \rightleftarrows HCl + HClO$
臭素 Br_2		ほとんど反応しない	次亜臭素酸 $Br_2 + H_2O \rightleftarrows HBr + HBrO$
ヨウ素 I_2	弱	ほとんど反応しない	ほとんど反応しない

3 塩素の実験室的製法

酸化マンガン(IV)MnO_2に濃塩酸を加えて加熱すると，塩素Cl_2が発生します。
この反応では，MnO_2が酸化剤，塩化水素HClが還元剤としてはたらいています。

$$\underset{+4}{MnO_2} + 4\underset{-1}{HCl} \longrightarrow \underset{+2}{MnCl_2} + 2H_2O + \underset{0}{Cl_2}$$

$$
\begin{array}{l}
\boxed{O}\ MnO_2 + 4H^+ + 2e^- \rightarrow Mn^{2+} + 2H_2O \\
\boxed{R}\ 2Cl^- \qquad\qquad\quad \rightarrow Cl_2 + 2e^- \\
\hline
MnO_2 + 4H^+ + 2Cl^- \rightarrow Mn^{2+} + 2H_2O + Cl_2 \\
\qquad\qquad {\scriptstyle(2Cl^-)} \qquad\quad \downarrow \quad {\scriptstyle(2Cl^-)} \\
MnO_2 + 4HCl \qquad\quad \rightarrow MnCl_2 + 2H_2O + Cl_2
\end{array}
$$

この反応式も酸化剤と還元剤の半反応式からつくることができますが，
よく出題される反応なので，
余力がある人は最終的な化学反応式を覚えてしまうといいと思います。

さて，この反応は発生・捕集装置も重要なので確認していきましょう！
下図を見ながら聞いてください。

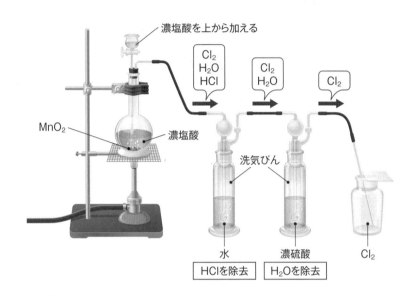

まず，加熱しながら反応を起こすと，反応液が入った容器から，
塩素Cl_2，水蒸気H_2O，塩化水素HClの混合気体◆が得られます。
（MnO_2や$MnCl_2$は気体にならないため，出てくることはありません）
この混合気体を水が入った洗気びんに通じると，
HClが水に溶解して除去されるため，Cl_2とH_2Oの混合気体が得られます。
このとき「Cl_2は水に溶けないんですか？」
といった質問を受けることが多いんですが，
Cl₂は少ししか水に溶けないため，大部分は気体のまま回収されます。
続けてこの混合気体を濃硫酸が入った洗気びんに通じると，
H_2Oが吸収されて除去されるため，Cl_2のみを回収することができます。
これは濃硫酸の吸湿性（水蒸気を吸収する性質）を利用したものです。
そして，Cl_2は水に溶け，空気より重いので**下方置換**で捕集します。
なお，入試問題でもよく取り上げられる内容なのですが，
この実験を行うとき，

◆ フラスコの中に濃塩酸が入っているため，そこから酸化マンガン(IV)と反応しなかった塩化水素HClも揮発する。

設置する洗気びんの順番を逆にしないように注意する必要があります。

水は揮発性（気体になりやすい性質）の液体のため，

水を入れた洗気びんを後ろに設置してしまうと，

洗気びんから蒸発した水蒸気H_2Oが捕集する塩素Cl_2に混ざってしまうことに

なりますね。一方，濃硫酸は不揮発性（気体になりにくい性質）の液体のため，

濃硫酸を入れた洗気びんを後ろに設置しておけば，

Cl_2だけを回収することができるのです。

洗気びんは「水 → 濃硫酸」の順に設置する！

5-2 ハロゲン化水素

ハロゲンは様々な元素と化合物をつくりますが，

ここでは水素Hとの化合物について勉強していきましょう。

ハロゲンと水素の化合物は，ハロゲン化水素といい，

フッ化水素HF，塩化水素HCl，臭化水素HBr，ヨウ化水素HIなどが

存在します。

1 分子量と沸点

ハロゲン化水素（HF，HCl，HBr，HI）は，

いずれも常温・常圧で無色の気体として存在しており，

ハロゲンの単体（F_2，Cl_2，Br_2，I_2）とは異なるので，気をつけてくださいね。

さて，5-1の1でも確認したように，

一般に分子の形がよく似た物質どうしでは，

分子量が大きいほど分子間力が強くはたらくため，沸点が高くなります。

ハロゲン化水素の分子量は，

HF＜HCl＜HBr＜HIの順に大きくなるため，

HIの沸点が一番高いと予想されます。

しかし，実際には，**分子量の一番小さいHFの沸点が最も高いのです。**

これは，HCl，HBr，HIの分子間には

ファンデルワールス力のみがはたらいているのに対して，

HFの分子間には，

ファンデルワールス力に加えて**水素結合**（すいそけつごう）が形成されているためです。

沸点 ➡ HF ＞ HI ＞ HBr ＞ HCl

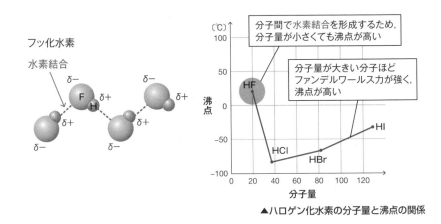

▲ハロゲン化水素の分子量と沸点の関係

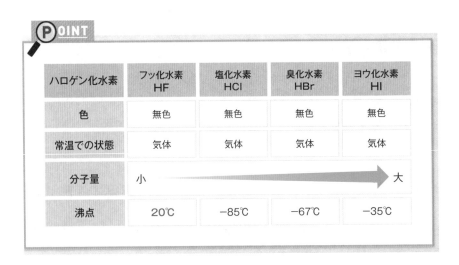

ハロゲン化水素	フッ化水素 HF	塩化水素 HCl	臭化水素 HBr	ヨウ化水素 HI
色	無色	無色	無色	無色
常温での状態	気体	気体	気体	気体
分子量	小 ──────────────→ 大			
沸点	20℃	−85℃	−67℃	−35℃

② 水溶液の酸の強さ

ハロゲン化水素はいずれも水に溶けやすく，

HClの水溶液には「塩酸」といった名称が用いられ，

HF，HBr，HIの水溶液はそれぞれ，

フッ化水素酸，臭化水素酸，ヨウ化水素酸と呼ばれています。

ハロゲン化水素の場合，「○○酸」といったら「水溶液」を指しているので，

気をつけましょう（「フッ化水素」と「フッ化水素酸」は異なるのです）。

ハロゲン化水素は，水溶液中で電離して水素イオン H^+ を生じるため，

水溶液は酸性を示します。

このとき，**HFの水溶液だけは「弱酸」**，

残りの**HCl，HBr，HIの水溶液はすべて「強酸」**です。

酸の強さは「電離度」の大きさによりますが，HCl，HBr，HIは

水溶液中でほぼ完全に電離する（電離度 ≒ 1 である）のに対して，

HFは水溶液中でほとんど電離していないのです。

これは，HFが水溶液中でも分子間で水素結合を形成するため，

2つのF原子に挟まれたH原子が電離しづらくなっているからです。

H原子●が2つのF原子●
に挟まれて電離しづらい

HF

▲HF水溶液（弱酸）

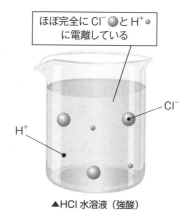

ほぼ完全に Cl^- ●と H^+ ●
に電離している

Cl^-

H^+

▲HCl水溶液（強酸）

なお，HCl，HBr，HIの水溶液はすべて「強酸」ですが，

厳密には HCl 水溶液＜HBr 水溶液＜HI 水溶液の順に
より強い酸となります。

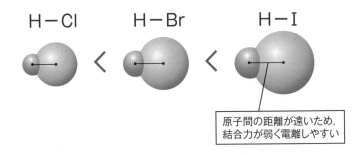

$$\text{酸の強さ} \Rightarrow \text{HF} \lll \text{HCl} < \text{HBr} < \text{HI}$$

これは，ハロゲン原子の半径が大きくなるほど
H原子との距離が遠くなり，
原子間の結合が切れやすくなるためと考えてください。

H−Cl　＜　H−Br　＜　H−I

原子間の距離が遠いため，
結合力が弱く電離しやすい

ハロゲン化水素の水溶液	フッ化水素酸	塩酸	臭化水素酸	ヨウ化水素酸
酸の強さ	弱酸　弱	強酸	強酸	強酸　強

３ フッ化水素とガラスの反応

フッ化水素酸はガラスの主成分である二酸化ケイ素 SiO_2 と反応して，
ガラスを溶かす作用をもちます。

フッ化水素酸はガラスを溶かす！

この反応は少し難しいので，結果だけ覚えておいてくれれば大丈夫ですが，
簡単に説明しておくと，
フッ化物イオンF^-がSiO_2中のSi原子を攻撃することで反応が起こります。

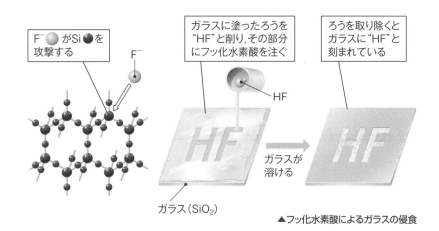

▲フッ化水素酸によるガラスの侵食

さて，HFとSiO_2の反応を覚えるときに注意してほしいことがあります。
それは，「フッ化水素酸」と「フッ化水素」では，
SiO_2と反応した際の生成物が異なるということです。
具体的には，上図で示したように「フッ化水素酸」がSiO_2と反応すると，
ヘキサフルオロケイ酸H_2SiF_6が生成します。

$$6HF + SiO_2 \rightarrow \underset{\text{ヘキサフルオロケイ酸}}{\underline{H_2SiF_6}} + 2H_2O$$

一方，「フッ化水素」がSiO_2と反応すると，
四フッ化ケイ素SiF_4が生成します。

$$4HF + SiO_2 \rightarrow \underset{\text{四フッ化ケイ素}}{\underline{SiF_4}} + 2H_2O$$

なお，**フッ化水素酸はガラスびんに保存できないため，**
「ポリエチレン容器」に保存します。

5-3 ハロゲン化銀

ハロゲンと銀の化合物は**ハロゲン化銀**といい，
フッ化銀AgF，塩化銀AgCl，臭化銀AgBr，ヨウ化銀AgIなどが存在します。

1 水への溶解性

ハロゲン化銀のうち，**AgF**だけは水に溶けやすく，
AgCl，AgBr，AgIは水に溶けにくい性質をもちます。

AgF ➡ 水に溶けやすい！
AgCl，AgBr，AgI ➡ 水に溶けにくい！

また，AgCl，AgBr，AgIの沈殿の色は，
それぞれ白色，淡黄色，黄色です。これらの色も重要ですので，
頑張って覚えてくださいね！

ハロゲン化銀	フッ化銀 AgF	塩化銀 AgCl	臭化銀 AgBr	ヨウ化銀 AgI
水への溶解性	溶ける	ほとんど 溶けない	ほとんど 溶けない	ほとんど 溶けない
沈殿の色	Ag^+　F^-	AgCl 〈白色〉	AgBr 〈淡黄色〉	AgI 〈黄色〉

2 感光性

ハロゲン化銀の結晶に強い光を当てると，
ハロゲン化銀が分解されて銀の単体Agが生じます。

このとき，生じたAgの微粒子の影響で，結晶が黒色に変化します。

このように，光の照射によって化学変化が起こる性質を**感光性**といい，

AgBrはこの性質をもつことから，写真のフィルムなどに利用されています。

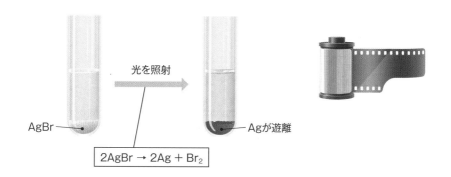

光を照射

AgBr

Agが遊離

$$2AgBr \rightarrow 2Ag + Br_2$$

5-4 塩素のオキソ酸

一般に，酸素O原子を含む酸を**オキソ酸**といい，

塩素のオキソ酸には，次亜塩素酸HClO，亜塩素酸$HClO_2$，塩素酸$HClO_3$，

過塩素酸$HClO_4$が存在します。

オキソ酸の名称は，あるオキソ酸を基準にして，

O原子が1つ増えると「過〇〇」，1つ減ると「亜〇〇」，

2つ減ると「次亜〇〇」となります。

塩素のオキソ酸の場合，

「塩素酸$HClO_3$」を基準にして名称がつけられています。

また，これらの化合物中のCl原子の酸化数は，

それぞれ+1，+3，+5，+7となっています。

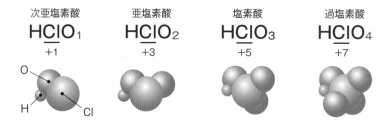

次亜塩素酸	亜塩素酸	塩素酸	過塩素酸
$HClO_1$	$HClO_2$	$HClO_3$	$HClO_4$
+1	+3	+5	+7

余談ですが，塩素Clのほかにも，

窒素Nのオキソ酸には硝酸HNO_3と亜硝酸HNO_2，

硫黄Sのオキソ酸には硫酸H_2SO_4と亜硫酸H_2SO_3などが存在します。

さて，塩素のオキソ酸のうち，

入試問題でよく出題されるのは「次亜塩素酸HClO」です。

5-1 **2** でもあつかいましたね。

HClOは，弱酸（H^+を出す力は弱い）ですが，

酸化力（電子e^-を奪う力）は強い物質です。

オキソ酸に含まれるCl原子の酸化数が大きくなると，

酸としての強さは大きくなり，逆に，酸化力は小さくなります。

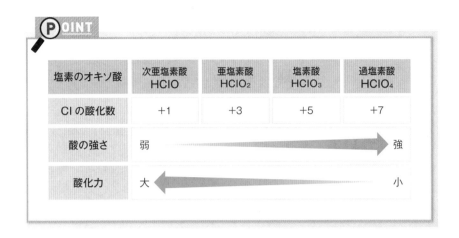

塩素のオキソ酸	次亜塩素酸 HClO	亜塩素酸 HClO$_2$	塩素酸 HClO$_3$	過塩素酸 HClO$_4$
Cl の酸化数	+1	+3	+5	+7
酸の強さ	弱 →→→ 強			
酸化力	大 ←←← 小			

以上でChapter 5はおしまいです。

それでは早速,「一問一答」を解いてみましょう！

これが解けたら「確認テスト」にもチャレンジしてみてください！

族元素（ハロゲン）

Chapter 5　一問一答

1　17族元素の単体

□□□　(1) F_2，Cl_2，Br_2，I_2について，それぞれの常温・常圧における状態を答えよ。

□□□　(2) ハロゲンの単体はすべて強い酸化力をもつ。F_2，Cl_2，Br_2，I_2を酸化力が強い順に並べよ。

□□□　(3) 臭化カリウム水溶液に塩素，ヨウ素のいずれかを加えたところ，臭素の単体が生成した。加えたのは，塩素，ヨウ素のどちらであるか，理由とともに答えよ。

□□□　(4) フッ素が水と反応するときの化学反応式を答えよ。

□□□　(5) 塩素が水に溶けると，その一部が反応して塩化水素と化合物Aが生成する。化合物Aの名称と，主な性質を答えよ。

□□□　(6) ヨウ素の単体は，水には溶けにくいが，ヨウ化カリウム水溶液にはよく溶ける。その理由を簡潔に説明せよ。

□□□　(7) 実験室で塩素を発生させるときは，濃塩酸を酸化マンガン(IV)に加えて加熱する。この反応の化学反応式を書け。

□□□　(8) (7)の反応を起こしたとき，得られた混合気体を水に通じて気体Bを除去し，濃硫酸に通じて気体Cを除去することで高純度の塩素を捕集する。気体Bと気体Cの化学式を書け。

2　17族元素の化合物

□□□　(1) HF，HCl，HBr，HIのうち，最も沸点が高いものは何か。また，水溶液が最も強い酸性を示すものは何か。それぞれ化学式で答えよ。

□□□　(2) フッ化水素酸がガラスを溶かすときの化学反応式を答えよ。

□□□　(3) AgF，AgCl，AgBr，AgIの結晶のうち，水に溶けにくいものを化学式ですべて答えよ。

□□□　(4) AgBrはある性質をもつため，写真のフィルムに利用されている。この性質とは何か答えよ。

□□□　(5) 塩素のオキソ酸のうち，塩素原子の酸化数が最も大きいものと小さいものの化学式を答えよ。

□□□　(6) 塩素のオキソ酸のうち，酸化力が最も強いものの化学式を答えよ。

1 17族元素の単体

参考

(1) F_2……気体，Cl_2……気体，Br_2……液体，I_2……固体 ▶ p.70

(2) $F_2 > Cl_2 > Br_2 > I_2$ ▶ p.72

(3) 塩素 ▶ p.73
理由……ヨウ素は臭素よりも酸化力が弱いが，塩素は臭素よりも酸
化力が強いため。

(4) $2F_2 + 2H_2O \longrightarrow 4HF + O_2$ ▶ p.75

(5) 名称……次亜塩素酸 ▶ p.76
性質……強い酸化力をもつため，殺菌作用や漂白作用を示す。

(6) ヨウ素は無極性分子のため極性溶媒の水には溶けにくいが，ヨウ化 ▶ p.78
カリウム水溶液中では$I_3{}^-$となって，水に溶けやすい状態になるから。

(7) $MnO_2 + 4HCl \longrightarrow MnCl_2 + 2H_2O + Cl_2$ ▶ p.79

(8) 気体B……HCl，気体C……H_2O ▶ p.80

2 17族元素の化合物

(1) 最も沸点が高いもの……HF ▶ p.82
水溶液が最も強い酸性を示すもの……HI ▶ p.84

(2) $6HF + SiO_2 \longrightarrow H_2SiF_6 + 2H_2O$ ▶ p.85

(3) AgCl，AgBr，AgI ▶ p.86

(4) 感光性 ▶ p.87

(5) 最も大きいもの……$HClO_4$ ▶ p.88
最も小さいもの……HClO

(6) HClO ▶ p.88

確認テスト

問1 次の文章を読み，下の問いに答えよ。

　　ハロゲンの単体の融点や沸点は，原子番号が大きくなるにつれて ［ ア ］なる。常温・常圧で液体であるハロゲンの単体は ［ イ ］だけである。(a)フッ素は水と激しく反応して，気体の ［ ウ ］を発生する。(b)塩素は水にわずかに溶け，その一部が反応して塩化水素と ［ エ ］を生じる。［ エ ］は，強い酸化力をもち，殺菌作用や漂白作用を示す。ハロゲンの単体も酸化力をもち，その強さは原子番号が大きくなるほど ［ オ ］なる。

　　ハロゲンと水素の化合物であるハロゲン化水素の中で沸点を比較すると，(c)［ カ ］の沸点はほかのハロゲン化水素よりも非常に高い。また，ハロゲン化水素はどれも水に溶けやすく，その水溶液はいずれも酸性を示すが，ハロゲン化水素の中で最も弱い酸は ［ キ ］である。

　　銀イオンを含む水溶液にハロゲン化物イオンを加えると，ハロゲン化銀が生成する。このうち ［ ク ］を除くほかのハロゲン化銀は，水に溶けにくく沈殿する。また，ハロゲン化銀に光を照射すると ［ ケ ］が遊離して黒変する。このように，光の照射によって化学変化が起こる性質を ［ コ ］という。

(1) ［ ア ］〜［ コ ］に当てはまる語句を答えよ。

(2) 下線部(a)と(b)の反応について，化学反応式で答えよ。

(3) 下線部(c)の理由を簡潔に説明せよ。

問2 実験室では，下図のような装置を用いて塩素を発生させる。酸化マンガン(IV)に濃塩酸を加えて加熱すると，塩素が発生する。発生した塩素は，不純物を除去するため，AとBの2本の洗気びんに通したのち，捕集する。このとき，次の問いに答えよ。

(1) 下線部の反応について，化学反応式を答えよ。

(2) AとBに入れる物質の名称と，不純物として吸収される物質の化学式をそれぞれ答えよ。

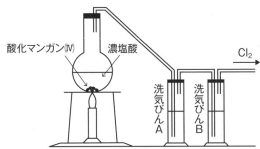

問1 (1) ハロゲンの単体や化合物について重要な内容をまとめているので，間違えてしまった部分は，「授業」ページに戻って確認していきましょう！

> **答** ア：**高く** イ：**臭素** ウ：**酸素** エ：**次亜塩素酸**
> オ：**弱く** カ：**フッ化水素** キ：**フッ化水素** ク：**フッ化銀**
> ケ：**銀** コ：**感光性**

(2) ハロゲンの単体と水の反応について，化学反応式を書けるようにしておきましょう。「授業」ページでもお話ししたように，「フッ素と水」と「塩素と水」の反応は，反応の仕方が異なるので注意してくださいね。

> **答** (a) $2F_2 + 2H_2O \rightarrow 4HF + O_2$
> (b) $Cl_2 + H_2O \rightleftarrows HCl + HClO$

(3) 一般に，構造がよく似た分子どうしでは，分子量が大きいほどファンデルワールス力が強くはたらくため，沸点が高くなります。しかし，フッ化水素HFは分子間で水素結合を形成するため，ハロゲン化水素の中で最も分子量が小さいにもかかわらず，沸点は一番高くなります。

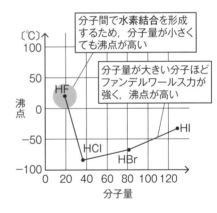

> **答** フッ化水素は分子間で水素結合を形成し，ほかのハロゲン化水素よりも分子間力が強くなるから。

問2 (1) 塩素の実験室的製法の化学反応式は，大学入試でよく出題されるので書けるようにしておきましょう！

> **答** $MnO_2 + 4HCl \rightarrow MnCl_2 + 2H_2O + Cl_2$

(2) 発生した塩素には，水蒸気H_2Oと塩化水素HClが含まれているため，水と濃硫酸を用いてこれらの気体を除去します。

> **答** Aに入れる物質の名称：**水**，吸収される物質の化学式：**HCl**
> **答** Bに入れる物質の名称：**濃硫酸**，吸収される物質の化学式：**H₂O**

Chapter **6**

16族元素

Chapter 6では，16族元素である
酸素Oと硫黄Sの性質を学習していきます。
酸素は，色々な化合物に含まれている元素
であり，僕たちにとって身近な元素です。
また，硫黄を含む化合物にも重要なものが
多いため，その性質を整理していきましょ
う！

族 周期	1	2	…	12	13	14	15	16	17	18
1	H									He
2	Li	Be			B	C	N	O	F	Ne
3	Na	Mg			Al	Si	P	S	Cl	Ar
4	K	Ca	…	Zn	Ga	Ge	As	Se	Br	Kr
5	Rb	Sr	…	Cd	In	Sn	Sb	Te	I	Xe
6	Cs	Ba	…	Hg	Tl	Pb	Bi	Te	At	Rn
7	Fr	Ra	…	Cn						

6-1 酸素O

1 酸素の単体

酸素の単体には，**酸素O_2** と**オゾンO_3** といった同素体が存在します。
それぞれについて，重要事項を確認していきましょう！
なお，これらの気体は実験室的製法を覚えることも大切ですが，
気体の製法はChapter 9でまとめてあつかうので，ここでは省略します。

Ⓐ 酸素
酸素O_2は空気中に体積比で約21%存在する
無色・無臭の気体であり，
空気中の成分としては窒素（約78%）の次に多い気体です。
生物の呼吸にも使われていて，
僕たちにとって身近な気体ですね。

酸素 O_2

🅑 オゾン

オゾン O_3 は特異臭のある淡青色の気体です。
地上約10〜50 kmの上空ではオゾン層として存在しており，
太陽からの有害な紫外線の大部分を吸収して
地球上の生物を保護してくれています。

オゾン O_3

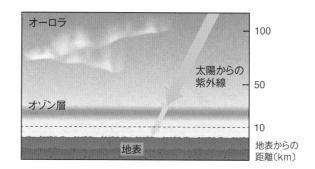

また，O_3 は強い酸化作用をもつため，
湿らせたヨウ化カリウム KI デンプン紙を青紫色に変色させます。

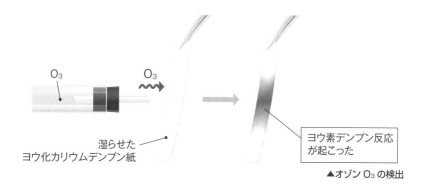

▲オゾン O_3 の検出

この変化は，O_3（酸化剤）が KI（還元剤）と反応してヨウ素 I_2 を生じ，
ヨウ素デンプン反応が起こるために見られる現象です。

$$O_3 + H_2O + 2KI \longrightarrow O_2 + 2KOH + I_2$$

$$
\begin{array}{l}
\boxed{O}\ \ O_3 + H_2O + 2e^- \longrightarrow O_2 + 2OH^- \\
\boxed{R}\ \ 2I^- \qquad\qquad\quad \longrightarrow I_2 + 2e^- \\
\hline
O_3 + H_2O + 2I^- \longrightarrow O_2 + 2OH^- + I_2 \\
\qquad\qquad\quad (2K^+) \quad\ \Downarrow \qquad\ (2K^+) \\
O_3 + H_2O + 2KI \longrightarrow O_2 + 2KOH + I_2
\end{array}
$$

この反応は，O_3の検出に利用されています。

オゾンO_3 ➡ 湿らせた
ヨウ化カリウムデンプン紙を
青紫色に変色させる！

② 酸化物

酸素は色々な元素と結びついて，**酸化物**をつくります。
ここでは，酸化物の分類を確認しましょう！

Ⓐ 酸性酸化物
一般に，非金属元素の酸化物は，酸性酸化物と呼ばれます。
これは，非金属元素の酸化物が水に溶けて酸性を示したり，
塩基と反応して塩をつくったりするためです。
例えば，二酸化炭素CO_2が水に溶けると，
炭素のオキソ酸である炭酸H_2CO_3を生じ，
その一部が電離することで，水溶液は弱い酸性を示します。

$$CO_2 + H_2O \rightleftharpoons H_2CO_3 \rightleftharpoons H^+ + HCO_3^-$$

また，二酸化ケイ素SiO_2は水には溶けにくいですが，

水酸化ナトリウム NaOH などの塩基と反応して，塩をつくります。

$$SiO_2 + 2NaOH \rightarrow Na_2SiO_3 + H_2O$$

❸ 塩基性酸化物

Na_2O や CaO といった金属元素の酸化物は，<u>塩基性酸化物</u>と呼ばれます。
これは，<u>金属元素の酸化物が水に溶けて塩基性を示したり，
酸と反応して塩をつくったりするため</u>です。

$$Na_2O + H_2O \rightarrow 2NaOH \rightarrow 2Na^+ + 2OH^-$$

❹ 両性酸化物

アルミニウム Al や亜鉛 Zn といった両性金属（両性元素）の酸化物は，
酸とも塩基とも反応して塩をつくるため，
<u>両性酸化物</u>と呼ばれます。
これらの反応は，Chapter 12 で詳しくあつかいます！

非金属元素の酸化物 ➡ 酸性酸化物
金属元素の酸化物 ➡ 塩基性酸化物
両性金属の酸化物 ➡ 両性酸化物

ⓅOINT

酸化物	主な酸化物
酸性酸化物◆	CO_2, SO_2, NO_2, P_4O_{10}, SiO_2
塩基性酸化物	Na_2O, MgO, CaO, CuO
両性酸化物	Al_2O_3, ZnO

◆ CO や NO は非金属の酸化物だが，水に溶けにくく塩基とも反応しないため，酸性酸化物ではない。

6-2 硫黄 S

1 硫黄の単体

硫黄の単体には,

斜方硫黄（しゃほういおう）,**単斜硫黄**（たんしゃ）,**ゴム状硫黄**といった同素体が存在します。

このうち,斜方硫黄と単斜硫黄は共に,

8個の硫黄原子が**環状**（かんじょう）につながった分子からなり,

斜方硫黄は**塊状**（かいじょう）,単斜硫黄は**針状**（しんじょう）の結晶です。

ゴム状硫黄は硫黄原子が**鎖状**（さじょう）につながった分子からなり,

弾力性をもつ物質です。

なお,**常温で最も安定なのは斜方硫黄で**,

約96℃以上では単斜硫黄が安定になります。

また,硫黄を加熱融解させて液体とし,

さらに約250℃まで加熱したのちに冷水に注ぐと,

ゴム状硫黄が生成します。

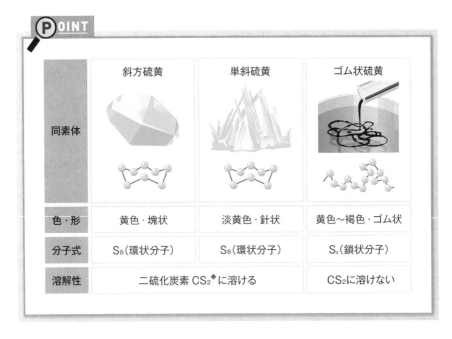

POINT

同素体	斜方硫黄	単斜硫黄	ゴム状硫黄
色・形	黄色・塊状	淡黄色・針状	黄色〜褐色・ゴム状
分子式	S_8（環状分子）	S_8（環状分子）	S_x（鎖状分子）
溶解性	二硫化炭素 CS_2◆ に溶ける		CS_2 に溶けない

◆ 無色・透明の液体で,溶媒として利用される。

2 硫化水素と二酸化硫黄

硫化水素 H₂S と二酸化硫黄 SO₂ は,
いくつかの点でよく似た性質を示します。
まず,共に**無色で刺激臭のある気体で,**
火山ガスの成分です。

硫化水素 H₂S

なお,H₂Sのにおいは独特であり,
「腐卵臭」と表現することが多いです。
H₂Sは温泉水にも含まれているため,
温泉地ではこの「腐卵臭」をかぐことができます。
よく,温泉地で「硫黄のにおいがする」
と表現することがありますが,
正しくは,「H₂Sのにおい」です!

二酸化硫黄 SO₂

また,これらの気体は共に,
水に溶けると水素イオンH⁺を生じるため,弱酸性を示します。
H₂Sは次のように電離して水素イオンH⁺を生じます。

$$H_2S \; \rightleftarrows \; H^+ + HS^-$$

一方,SO₂ は「酸性酸化物」(p.96) であり,
水に溶けるとその一部が亜硫酸H₂SO₃となり,
H₂SO₃の電離によってH⁺を生じます。

$$SO_2 + H_2O \; \rightleftarrows \; H_2SO_3 \; \rightleftarrows \; H^+ + HSO_3^-$$

さらに,これらの気体は共に,**強い還元作用を示すため,**
多くの反応で還元剤としてはたらきます。
ただし,**H₂SとSO₂の反応では,SO₂が酸化剤としてはたらき,**
次のような反応が起こります!

$$SO_2 + 2H_2S \longrightarrow 3S + 2H_2O$$

$$
\begin{array}{l}
\boxed{\text{O}}\ SO_2 + \cancel{4H^+} + \cancel{4e^-} \longrightarrow S + 2H_2O \\
\boxed{\text{R}}\ H_2S \longrightarrow S + \cancel{2H^+} + \cancel{2e^-} \ (\times 2) \\
\hline
SO_2 + 2H_2S \longrightarrow 3S + 2H_2O \\
\ \text{白濁}
\end{array}
$$

この反応は，SO$_2$が例外的に酸化剤としてはたらく重要な反応ですので，覚えておきましょう！

SO$_2$はH$_2$Sと反応するときだけ
酸化剤としてはたらく！

3 硫酸

硫酸 H$_2$SO$_4$ は，確認すべき内容が多いのですが，まずは，工業的製法から見ていきます！

硫酸 H$_2$SO$_4$

Ⓐ 工業的製法
硫酸は，工業的には次のような流れで製造されています。この製造法を**接触法**といいます。

手順1 　手順2 　手順3

$$S \xRightarrow[+O_2]{} SO_2 \xRightarrow[\substack{+O_2 \\ (V_2O_5)}]{} SO_3 \xRightarrow[+H_2O]{} H_2SO_4$$

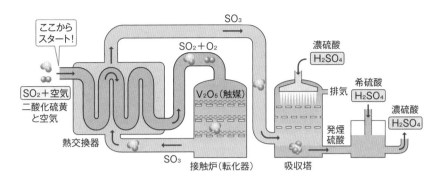

$: SO_2$　$: O_2$　$: SO_3$　$: H_2SO_4$

▲接触法

詳しく説明していくので，上図を見ながら聞いてください。

手順1　石油から得られる硫黄の単体を，
空気中の酸素によって酸化して，二酸化硫黄とする。

$$S + O_2 \longrightarrow SO_2$$

手順2　酸化バナジウム（V）V_2O_5 を触媒として，
二酸化硫黄をさらに酸化して，三酸化硫黄とする。

$$2SO_2 + O_2 \xrightarrow{V_2O_5} 2SO_3$$

手順3　三酸化硫黄と水の反応によって硫酸を得る。

$$SO_3 + H_2O \longrightarrow H_2SO_4$$

さて，この 手順3 では，"SO_3" と "H_2O" を直接反応させてはいけません。

なぜなら，$SO_3 + H_2O \rightarrow H_2SO_4$ の反応は，

とても大きな発熱を伴うからです。

この反応は吸収塔で起こすのですが，

SO_3 を直接水に吸収させてしまうと，

多量の発熱によって水が沸騰して水蒸気となってしまうため，

H_2SO_4 が得られても散布してしまい，回収できません。

101

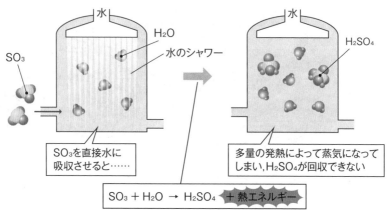

$$SO_3 + H_2O \rightarrow H_2SO_4 \ \text{＋熱エネルギー}$$

▲SO₃を水と直接反応させた場合

そこで，SO₃を濃硫酸に吸収させて，

濃硫酸中の水と反応させます。

あとで確認しますが，濃硫酸はごくわずかに水を含み，

また，沸点が非常に高い（300℃以上）不揮発性の液体なので，

発熱によって沸騰してしまうことはありません。

なお，SO₃を吸収させた濃硫酸は，

常にSO₃の蒸気を白煙として発しているので，**発煙硫酸**（はつえんりゅうさん）と呼ばれます。

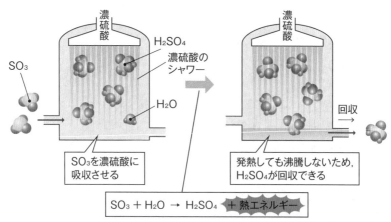

$$SO_3 + H_2O \rightarrow H_2SO_4 \ \text{＋熱エネルギー}$$

▲SO₃を濃硫酸に吸収させた場合

反応後は H_2SO_4 が生じたことで,

濃硫酸の濃度がさらに高まっているので,

これを希硫酸(水分を多く含む硫酸水溶液)で適度に**希釈**して,

製品化します。

最後の工程が少し複雑ですが,製造の流れを頑張って覚えてくださいね!

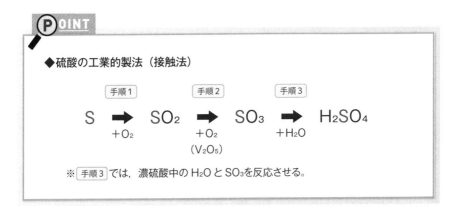

◆ 硫酸の工業的製法(接触法)

手順1　　　　　　手順2　　　　　　手順3

S　➡　SO_2　➡　SO_3　➡　H_2SO_4

$+O_2$　　　　$+O_2$　　　　$+H_2O$

　　　　　　　(V_2O_5)

※ 手順3 では,濃硫酸中の H_2O と SO_3 を反応させる。

❸ 濃硫酸

濃硫酸には,いくつかの覚えるべき重要な性質があります。

1つずつ確認していきましょう!

◆ 不揮発性

一般に,**質量パーセント濃度90%以上の硫酸水溶液を濃硫酸といい,**

市販の濃硫酸は約98%です。

濃硫酸は無色で粘性をもった**不揮発性**の液体です。

市販の濃硫酸は硫酸 H_2SO_4 の質量が約98%で,

それ以外の部分が水なので,ごくわずかの水分しか含みません。

そのため,濃硫酸中の H_2SO_4 はほとんど電離しておらず,

H_2SO_4 分子どうしが

水素結合によって強く結びついた状態で存在しており,揮発しにくいのです。

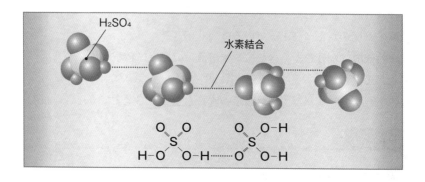

この性質を利用した反応に，次のようなものがあります。

塩化ナトリウムNaClを濃硫酸に加えて加熱すると，
塩化水素HClが発生するという反応です。

この反応は，濃硫酸が「不揮発性の酸」であるのに対して，
HClが「揮発性の酸」であるために起こるもので，

加熱すると，**H_2SO_4から生じたH^+とNaClから生じたCl^-が結びつき，**
気体のHClがどんどん抜けていくんです。

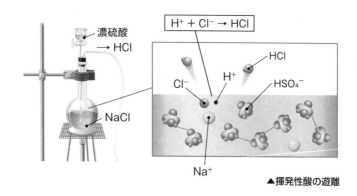

▲揮発性酸の遊離

一般に，このような反応を**揮発性酸の遊離反応**といいます。

◆ 吸湿性

濃硫酸は**吸湿性**をもち，乾燥剤として用いられます。

濃硫酸は，H_2SO_4分子どうしが水素結合を形成するだけでなく，

周囲のH_2O分子とも水素結合を形成するため，

水分を取り込むことができるのです。

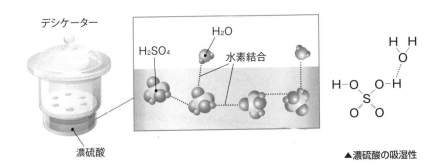

デシケーター

H_2O

H_2SO_4

水素結合

濃硫酸

▲濃硫酸の吸湿性

◆ 脱水作用

スクロース（ショ糖）に濃硫酸を滴下すると，炭素が残って黒くなります（炭化）。

これは，濃硫酸が**脱水作用**を示し，

－OHをもつスクロース$C_{12}H_{22}O_{11}$などの有機化合物から，

水H_2Oを抜きとることにより起こる反応です。

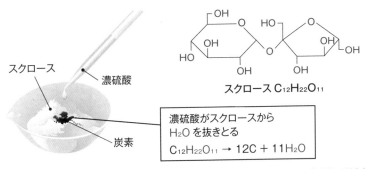

スクロース

濃硫酸

炭素

スクロース $C_{12}H_{22}O_{11}$

濃硫酸がスクロースから
H_2O を抜きとる
$C_{12}H_{22}O_{11} \rightarrow 12C + 11H_2O$

▲濃硫酸の脱水作用

ここで，よく耳にするのが，

「"吸湿性をもつ"と"脱水作用を示す"の違いは何ですか？」という質問です。

確かに，混乱しやすいところですよね。

「吸湿性」とは，すでにH_2O分子として存在するものを

水素結合などによって吸着する性質のことを指し，

「脱水作用」とは，$-OH$などから，H原子2個とO原子1個を

H_2O分子として抜きとるはたらきのことを指しています。

両者の違いをきちんと整理しておきましょう！

では，最後にもう1つ。

◆ 酸化作用

濃硫酸を加熱した「熱濃硫酸」は，

イオン化傾向が小さい銅Cuを溶かすことができます。

これは熱濃硫酸が強い**酸化作用**を示すためです。

p.45の表にある酸化剤○の欄にも

熱濃硫酸が載っているので，確認してみてくださいね！

熱濃硫酸に銅を加えると，

H_2SO_4分子がCuから電子を奪いとり，

二酸化硫黄SO_2を発生しながら銅を溶かしていきます。

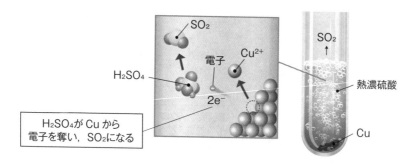

SO_2

H_2SO_4

電子

Cu^{2+}

$2e^-$

H_2SO_4がCuから
電子を奪い，SO_2になる

SO_2
↑

熱濃硫酸

Cu

▲熱濃硫酸と銅の反応

どれも重要な性質なので，頑張って覚えてくださいね！

P OINT

濃硫酸の性質	例
不揮発性の酸である	塩化ナトリウムを濃硫酸に加えて加熱すると，揮発性の塩化水素が遊離する。 $NaCl + H_2SO_4 \rightarrow NaHSO_4 + HCl \uparrow$
吸湿性がある	乾燥剤として用いられる。
脱水作用を示す	スクロース（ショ糖）に濃硫酸を加えると，炭化する。 $C_{12}H_{22}O_{11} \rightarrow 12C + 11H_2O$
強い酸化作用を示す	熱濃硫酸は，銅を溶かす。 $Cu + 2H_2SO_4 \rightarrow CuSO_4 + 2H_2O + SO_2 \uparrow$

● 希硫酸

希硫酸は濃硫酸と異なり，**水を多く含んだ硫酸水溶液**です。

そのため，希硫酸中では，

H_2SO_4分子のほとんどが電離した状態で存在しています。

p.21で確認したように，硫酸は2価の強酸なので，

水が多く存在すれば，電離（$H_2SO_4 \rightarrow 2H^+ + SO_4^{2-}$）によって

たくさんのH^+が生じます！

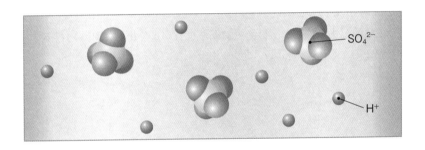

例えば，Chapter 2の**2-2**であつかった硫酸は，「希硫酸」です。

このように，実験室で硫酸を「酸（H$^+$を出す物質）」として用いるときは，

濃硫酸を水で薄めて「希硫酸」とする必要があります。

なお，濃硫酸の水に対する溶解熱は非常に大きいため，

水で薄めるときは，**必ず水に濃硫酸を少しずつ注いでいくようにします！**

水槽

濃硫酸

水

もし，濃硫酸に水を加えてしまうと，

濃硫酸（密度 1.8 g/cm^3）より軽い液体である水（密度 1.0 g/cm^3）が浮くため，

発熱により液面で急に沸騰して，周囲に硫酸をまき散らしてしまう危険がある

のです。

濃硫酸を希釈するときは，
「水」に「濃硫酸」を少しずつ加えていく！

これでChapter 6はおしまいです。

硫酸の工業的製法や性質などは，入試問題で特によく出題される内容です。

頑張って覚えてくださいね！

「同素体」と「同位体」

化学では「同素体」と「同位体」,「電子親和力」と「電気陰性度」など似ている用語が出てくることがあります。そして大学入試では,受験生がこれらの用語を混同していないかどうかを問う問題が多く出題されます。まぁ言ってしまえば,ひっかけ問題のようなものです。きちんと区別できている人でも,試験中焦っていると,つい間違えてしまいます……。
<u>特に正誤問題などでは,よく問われるポイント</u>なので,皆さんはあらかじめ「似ている語句は正誤問題などで問われやすい!」と注意しておきましょう!

さて,ここでは例として「同素体」と「同位体」を確認しましょう。まず「同素体」とは,**同じ元素からなる単体で,互いに性質が異なる物質**を指します。例えば,Chapter 6 で出てきたように,酸素 O の同素体には,酸素 O_2 やオゾン O_3 が存在し,硫黄 S の同素体には,斜方硫黄・単斜硫黄・ゴム状硫黄といったものが存在します。ほかにも Chapter 7 や Chapter 8 であつかう,リン P や炭素 C にも同素体が存在します。**同素体が存在する元素は「SCOP」** （スコップ）と覚えておきましょう!
一方,「同位体」とは,**原子番号が同じで質量数（中性子の数）が異なる原子どうし**を指します。例えば,水素 H の同位体には,質量数が 1, 2, 3 の ^1H, ^2H, ^3H が存在し,酸素 O の同位体には,質量数が 16, 17, 18 の ^{16}O, ^{17}O, ^{18}O が存在します。これらは,周期表上で,同じ位置にあることから「同位体」と呼ばれます。ほとんどの元素には,いくつかの同位体が存在しますが,安定な同位体が 1 つしか存在しない元素もあります。例えば,ナトリウム Na の安定な同位体は,質量数 23 の ^{23}Na だけです。似ている用語には気をつけるようにしましょう!

Chapter 6　一問一答

1 酸素 O

- □□□　(1) 酸素の同素体を2つ答えよ。
- □□□　(2) (1)で答えた同素体について，それぞれの色とにおいを答えよ。
- □□□　(3) (1)で答えた同素体のうち一方を湿らせたヨウ化カリウムデンプン紙に触れさせると，ある変化が見られた。この同素体の名称と，このとき見られた変化を簡潔に説明せよ。
- □□□　(4) Al_2O_3，NO_2，MgOのそれぞれについて，酸性酸化物，塩基性酸化物，両性酸化物のうちいずれに分類されるか答えよ。

2 硫黄 S

- □□□　(1) 硫黄の同素体を3つ答えよ。
- □□□　(2) (1)で答えた同素体のうち，常温で最も安定なものの名称を答えよ。
- □□□　(3) (1)で答えた同素体のうち，環状構造であるものと，鎖状構造であるものをそれぞれ答えよ。
- □□□　(4) 硫酸の工業的製法の名称を答えよ。
- □□□　(5) (4)の製造法では，ある触媒を用いて反応を起こす工程がある。その触媒の名称と，その反応の化学反応式を答えよ。
- □□□　(6) 塩化ナトリウムに濃硫酸を加えて加熱すると，塩化水素が発生する。これは，濃硫酸のどのような性質を利用したものか答えよ。
- □□□　(7) 濃硫酸をショ糖（スクロース）に滴下すると，黒変する。これは，濃硫酸のどのような作用によるものか答えよ。
- □□□　(8) 銅を熱濃硫酸に加えると，気体を発生しながら溶解する。このとき発生する気体の化学式を答えよ。
- □□□　(9) (8)は，熱濃硫酸のどのような作用によるものか答えよ。
- □□□　(10) 濃硫酸を希釈するときの注意点を答えよ。

解 答

◯1 酸素 O

(1) 酸素，オゾン

▶ p.94

(2) 酸素……色：無色，におい：無臭

▶ p.94

　　オゾン……色：淡青色，におい：特異臭

▶ p.95

(3) 名称……オゾン

▶ p.95

　　変化……ヨウ化カリウムデンプン紙が青紫色になる。

(4) Al_2O_3……両性酸化物，NO_2……酸性酸化物，

▶ p.97

　　MgO……塩基性酸化物

◯2 硫黄 S

(1) 斜方硫黄，単斜硫黄，ゴム状硫黄

▶ p.98

(2) 斜方硫黄

▶ p.98

(3) 環状構造……斜方硫黄，単斜硫黄

▶ p.98

　　鎖状構造……ゴム状硫黄

(4) 接触法

▶ p.100

(5) 名称……酸化バナジウム(V)

▶ p.101

　　化学反応式……$2SO_2 + O_2 \longrightarrow 2SO_3$

(6) 不揮発性

▶ p.104

(7) 脱水作用

▶ p.105

(8) SO_2

▶ p.106

(9) 酸化作用

▶ p.106

(10) 水に濃硫酸を少しずつ加えていく。

▶ p.108

確認テスト

問1 次の文章を読み，下の問いに答えよ。

　酸素の単体には酸素O_2のほかにオゾンO_3がある。オゾンは，特有のにおいをもつ気体で，酸化作用を示す。たとえば，(a)湿らせたヨウ化カリウムデンプン紙にオゾンを吹きつけると，ヨウ化カリウムデンプン紙が青紫色に変化する。また，(b)酸素は色々な元素と化合し，酸化物をつくる。

(1) 酸素O_2とオゾンO_3の関係を一般に何と呼ぶか答えよ。

(2) 下線部(a)の変化の理由を，化学反応式を用いて説明せよ。

(3) 下線部(b)について，次の酸化物のうち，塩基の水溶液と反応して塩をつくるものをすべて選び，番号で答えよ。

　　① MgO　　② P_4O_{10}　　③ Na_2O　　④ ZnO　　⑤ Fe_2O_3

問2 次の文章を読み，下の問いに答えよ。

　硫酸H_2SO_4は工業的には　ア　と呼ばれる方法で製造されており，石油精製の際に回収される硫黄Sを原料としている。まず，(a)Sを空気中で燃焼させて，二酸化硫黄SO_2を得る。次に，SO_2を空気中の酸素で酸化して，三酸化硫黄SO_3を得る。この反応には，触媒として　イ　を用いる。さらに，SO_3を濃硫酸中に過剰に溶かし込んで　ウ　とし，これを希硫酸で薄めて製品として濃硫酸を得る。

　濃硫酸とはH_2SO_4の質量パーセント濃度が90％以上の硫酸であり，市販の濃硫酸の濃度は約98％である。濃硫酸は無色で粘性の大きい液体であり，不揮発性であることから，塩化ナトリウムとの化合物を熱すると揮発性の　エ　が発生する。また，(b)吸湿性，脱水作用，酸化作用を示すことが特徴である。

(1) 　ア　～　エ　に当てはまる語句を答えよ。

(2) 下線部(a)について，以前は硫黄の単体の代わりに黄鉄鉱FeS_2を原料として用いていた。FeS_2を燃焼してSO_2を得る反応の化学反応式を答えよ。

(3) 下線部(b)について，次の①，②に答えよ。

　　① スクロースに濃硫酸を加えると，どのように変化するか，簡潔に説明せよ。
　　② 銅Cuに熱濃硫酸を加えると発生する気体の化学式を答えよ。

(4) 1.6 kgの硫黄から得られる質量パーセント濃度98％の濃硫酸は，何kgか。有効数字2桁で答えよ。ただし，用いた硫黄はすべて硫酸に変化したとし，原子量は$H = 1.0$，$O = 16$，$S = 32$とする。

問1 (1) 同じ元素からなる単体で，互いに性質の異なる物質どうしを**同素体**といいます。なお，^{1}H と ^{2}H などのように，原子番号が等しく，互いに質量数が異なる原子どうしを**同位体**といいます。「同素体」と「同位体」は区別して覚えておきましょう！

答 同素体

(2) オゾン O_3 が酸化剤$\boxed{O}$，ヨウ化カリウム KI が還元剤$\boxed{R}$としてはたらく酸化還元反応が起こり，ヨウ素 I_2 が生成します。その結果，ヨウ素とデンプンによるヨウ素デンプン反応で青紫色に呈色することになります。

答 オゾンがヨウ化カリウムを $O_3 + H_2O + 2KI \rightarrow 2KOH + O_2 + I_2$ のように酸化し，生成したヨウ素とデンプンにより，ヨウ素デンプン反応が起こったから。

(3) 一般に，非金属元素の酸化物は**酸性酸化物**と呼ばれ，塩基の水溶液と反応して塩をつくります。①〜⑤のうち，非金属元素の酸化物は②の P_4O_{10} だけですね。ただし，Zn は両性金属のため，④の ZnO は両性酸化物と呼ばれ，酸・塩基どちらの水溶液とも反応して塩をつくります。　　**答** ②，④

問2 (1) 空欄に当てはまる語句は，それぞれ次のとおりです。

答 ア：接触法　　イ：酸化バナジウム(V)　　ウ：発煙硫酸　　エ：塩化水素

(2) 以前は FeS_2 を燃焼して SO_2 を得ていました。そのため，大学入試でも時々見かける反応です。余力がある人は，反応式を書けるようにしておきましょう！

答 $4FeS_2 + 11O_2 \rightarrow 2Fe_2O_3 + 8SO_2$

(3) スクロースに濃硫酸を加えると，濃硫酸の脱水作用によって，スクロースが炭化されます。また，熱濃硫酸が酸化剤としてはたらくと，二酸化硫黄が生成します。

答 ① スクロースが炭化される。　② SO_2

(4) 用いた硫黄 S は，$S \rightarrow SO_2 \rightarrow SO_3 \rightarrow H_2SO_4$ と変化するため，S（モル質量 32 g/mol）1 mol から H_2SO_4（モル質量 98 g/mol）1 mol が得られます。よって，得られる H_2SO_4 の質量は次のように求まります。

$$\frac{1.6 \times 10^3 \text{ g}}{32 \text{ g/mol}} \times 98 \text{ g/mol} = 4.9 \times 10^3 \text{ g}$$

ここで，**質量パーセント濃度〔%〕** $= \dfrac{\text{溶質の質量〔g〕}}{\text{溶液の質量〔g〕}} \times 100$　より，

98％の濃硫酸の質量（溶液の質量）は，

$4.9 \times 10^3 \text{ g} \times \dfrac{100}{98} = 5000 \text{ g} = 5.0 \text{ kg}$　　**答** **5.0 kg**

Chapter 7 15族元素

Chapter 7では，15族元素である
窒素NとリンPの性質を学習していきます。
これらの元素を含む化合物には
重要なものが多く，
覚えるのが少し大変ですが，
1つずつ整理していきましょう！

族周期	1	2	...	12	13	14	15	16	17	18
1	H									He
2	Li	Be			B	C	N	O	F	Ne
3	Na	Mg			Al	Si	P	S	Cl	Ar
4	K	Ca	...	Zn	Ga	Ge	As	Se	Br	Kr
5	Rb	Sr	...	Cd	In	Sn	Sb	Te	I	Xe
6	Cs	Ba	...	Hg	Tl	Pb	Bi	Po	At	Rn
7	Fr	Ra	...	Cn						

7-1 窒素N

■1 窒素の単体

窒素 N_2 は，2つの窒素原子が
三重結合によって結びついた分子（N≡N）で，
空気中に体積比で約78％存在している，
無色・無臭の気体です。
N≡N結合は切れにくく，反応性に乏しいため，
化学的に安定な気体です。

窒素 N_2

■2 アンモニア

アンモニア NH_3

アンモニア NH_3 は無色で刺激臭のある気体です。
また，水によく溶け，
一部の分子が次のように電離して
水酸化物イオン OH^- を生じるため，

水溶液は弱塩基性を示します。

$$NH_3 + H_2O \rightleftharpoons NH_4^+ + OH^-$$

Ⓐ 実験室的製法

気体の実験室的製法は，Chapter 9で詳しくあつかいますので，
ここでは軽く触れておきますね。

塩化アンモニウム NH_4Cl と

水酸化カルシウム $Ca(OH)_2$ の混合物を加熱すると NH_3 が発生します。

$$2NH_4Cl + Ca(OH)_2 \longrightarrow CaCl_2 + 2H_2O + 2NH_3$$

このとき，<u>生成した水 H_2O が加熱部にたまると
試験管が割れてしまう恐れがあるため</u>，

下図のように，試験管の口を下げておきます。

発生した NH_3 は**ソーダ石灰で乾燥**させたあと，**上方置換で捕集**します。

乾燥剤や捕集法についても，Chapter 9で詳しくあつかいます！

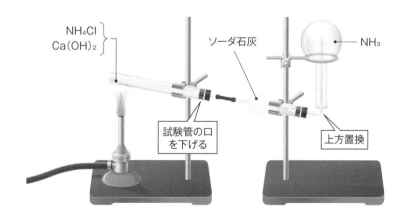

なお，NH_3 の発生は，次のような方法によって確かめることができます。

アンモニア NH_3 ➡ 湿らせた赤色リトマス紙を青色にする！

➡ 濃塩酸に触れると白煙を上げる！

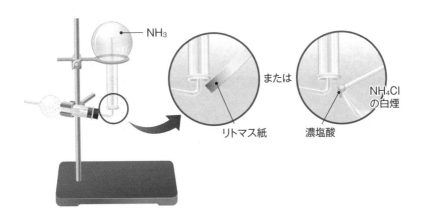

B 工業的製法

工業的には，**ハーバー・ボッシュ法**によって合成されます。
この方法は，**窒素 N_2 と水素 H_2 を直接反応させて**
NH_3 を得るというものです。

$$N_2 + 3H_2 \overset{Fe_3O_4}{\rightleftharpoons} 2NH_3$$

先ほどもお話ししたように，
N_2 は反応性に乏しいため，**四酸化三鉄 Fe_3O_4 を触媒に用いて，**
高温・高圧下で反応させます。
次ページの図は，この製造法の流れを示したものです。

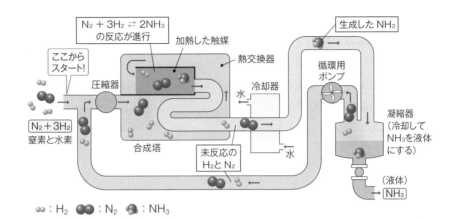

$\odot\!\!\odot$: H_2　$\bullet\!\!\bullet$: N_2　$\bullet$: NH_3

❸ 窒素の酸化物

窒素の酸化物は，NO，NO_2，N_2O_4，N_2O_5 など色々なものが存在しますが，
皆さんに性質を覚えておいてもらいたいものは，
一酸化窒素NO と **二酸化窒素 NO_2** の2つです！

Ⓐ 一酸化窒素

一酸化窒素NOは無色で，水に溶けにくい気体です。
空気と触れると，直ちに酸素 O_2 と反応して二酸化窒素 NO_2 になります。
NO_2 は赤褐色の気体のため，
これは色が変わる反応として試験によく出題されます！

一酸化窒素 NO

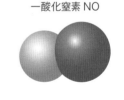

$$2NO \ + \ O_2 \ \longrightarrow \ 2NO_2$$

無色　　　　　　　　赤褐色

一酸化窒素NO ➡ 空気に触れると赤褐色になる！

また，実験室でNOを発生させるには，**銅を希硝酸に加えます。**
この反応はp.119で説明します！

⑧ 二酸化窒素

二酸化窒素 NO_2 は赤褐色で刺激臭があり，
水に溶けやすい気体です。
水に溶けると強酸である硝酸 HNO_3 を生じるため，
水溶液は強い酸性を示します。
NO_2 が温水と反応したときの反応式は，
次のとおりです。

二酸化窒素 NO_2

$$3NO_2 \ + \ H_2O \ \longrightarrow \ 2HNO_3 \ + \ NO$$

実験室で NO_2 を発生させるには，**銅を濃硝酸に加えます。**
この反応も p.119 で説明します。

POINT

	色	水への溶解性	主な反応	実験室的製法
NO	無色	溶けにくい	O_2 と反応して NO_2 になる	銅を希硝酸に加える
NO₂	赤褐色	溶けやすい	H_2O と反応して HNO_3 を生じる	銅を濃硝酸に加える

④ 硝酸

硝酸 HNO_3 の水溶液は，<u>濃度によって一部の性質が異なる</u>
ので，きちんと整理しておきましょう！

硝酸 HNO_3

ⓐ 酸性と酸化力

HNO_3 は**強酸**であり，水溶液中では次のように電離します。

$$HNO_3 \ \rightarrow \ H^+ \ + \ NO_3^-$$

そのため，**濃硝酸と希硝酸はいずれも強い酸性**を示します。

また，HNO_3 は**強い酸化力**をもちます。

ただし，酸化剤としてはたらいたときの生成物が異なり，

濃硝酸中の HNO_3 は NO_2，希硝酸中の HNO_3 は NO に変化します。

濃硝酸 ➡ $\boxed{O}$ $HNO_3 + H^+ + e^- \rightarrow NO_2 + H_2O$

希硝酸 ➡ $\boxed{O}$ $HNO_3 + 3H^+ + 3e^- \rightarrow NO + 2H_2O$

これらの半反応式は，p.45 の表にある酸化剤 $\boxed{O}$ の欄にも載っています。

例えば，Chapter 3 でも学習したように，

イオン化傾向が小さい銅 Cu などの金属を濃硝酸や希硝酸に加えると，

HNO_3 分子が Cu から電子を奪いとり，

それぞれ NO_2，NO を発生しながら銅を溶かします。

p.55 に戻って確認してみてください。

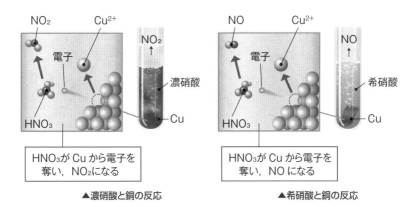

▲濃硝酸と銅の反応　　　　▲希硝酸と銅の反応

濃硝酸 ➡ 銅を溶かして NO_2 を発生！

希硝酸 ➡ 銅を溶かして NO を発生！

なお，Al，Fe，Niなどの金属は，
希硝酸には溶けますが，濃硝酸には溶けません。
これは，濃硝酸の強い酸化作用により，
これらの金属の表面にち密な酸化被膜が形成され，
内部を保護してしまい，**不動態**となるからです。
p.56でも学習しましたね。

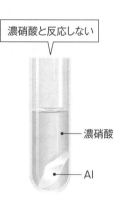

濃硝酸と反応しない

濃硝酸

Al

さて，ここで紛らわしいのが，
「酸性」と「酸化力」の違いです。
「酸」という漢字が共通しているため混同してしまいがちですが，
これらは全く別の意味をもっているので注意してください！
「酸性」とは，水溶液中でH^+を放出する性質のことであり，
「酸化力」とは，相手から電子e^-を奪いとる力のことです。

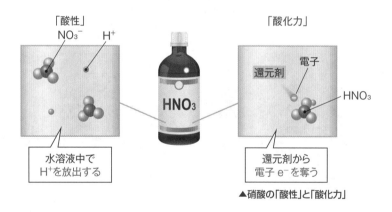

▲硝酸の「酸性」と「酸化力」

ⓑ 保存方法

硝酸は褐色びんに入れて冷暗所で保存します。

これは硝酸が熱や光の作用によって，簡単に分解してしまうためです。

$$4HNO_3 \rightarrow 4NO_2 + 2H_2O + O_2$$

なお，古くなった硝酸は黄色味を帯びていることがあるんですが，
これは分解によってNO_2が生じたためです。

◉ 工業的製法

硝酸HNO_3は、工業的には**オストワルト法**により製造されます。
この製造法ではアンモニアNH_3を原料にして、
次のような流れでHNO_3をつくります。

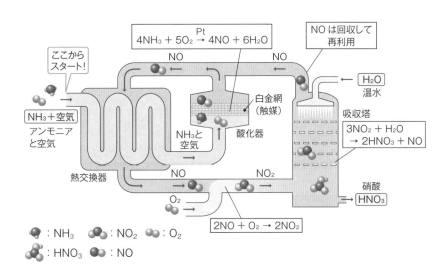

$\boxed{\text{ここから\\スタート！}}$

$\boxed{NH_3 + 空気}$
アンモニア
と空気

熱交換器

$\boxed{\begin{array}{c} Pt \\ 4NH_3 + 5O_2 \rightarrow 4NO + 6H_2O \end{array}}$

NO   NO

白金網
（触媒）

NH_3と
空気

酸化器

NO NO_2

O_2

$\boxed{2NO + O_2 \rightarrow 2NO_2}$

$\boxed{\begin{array}{c} NO は回収して \\ 再利用 \end{array}}$

$\boxed{H_2O}$
温水

吸収塔

$\boxed{\begin{array}{c} 3NO_2 + H_2O \\ \rightarrow 2HNO_3 + NO \end{array}}$

硝酸
$\boxed{HNO_3}$

🔴⚪：NH_3　🔴⚫：NO_2　⚫⚫：O_2
⚪🔴⚫：HNO_3　🔴⚫：NO

手順1　白金Ptを触媒に用いて、NH_3を空気中の酸素O_2と反応させて
一酸化窒素NOとする。

$$4NH_3 + 5O_2 \xrightarrow{Pt} 4NO + 6H_2O$$

手順2　NOをさらに空気中のO_2で酸化して、二酸化窒素NO_2とする。

$$2NO + O_2 \longrightarrow 2NO_2$$

手順3　NO_2を温水H_2Oに吸収させて、HNO_3とする。

$$3NO_2 + H_2O \longrightarrow 2HNO_3 + NO$$

なお，手順3の反応で生じるNOは，回収されて
手順2の反応に再利用されます。

これら3つの反応式を足し合わせて得られる全体の化学反応式は，
次のようになります。

$$\textbf{全体}：NH_3 \ + \ 2O_2 \ \longrightarrow \ HNO_3 \ + \ H_2O$$

全体の反応式もぜひ覚えておいてくださいね！
ちなみに，全体の反応式を見ると，
結果的にNH_3を酸化してHNO_3を得ているので，
オストワルト法は**アンモニア酸化法**とも呼ばれます。

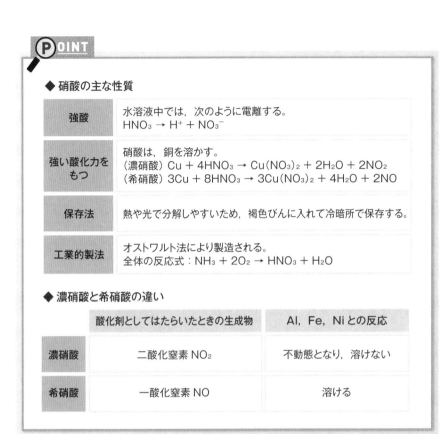

◆ 硝酸の主な性質

強酸	水溶液中では，次のように電離する。 $HNO_3 \rightarrow H^+ + NO_3^-$
強い酸化力を もつ	硝酸は，銅を溶かす。 （濃硝酸）$Cu + 4HNO_3 \rightarrow Cu(NO_3)_2 + 2H_2O + 2NO_2$ （希硝酸）$3Cu + 8HNO_3 \rightarrow 3Cu(NO_3)_2 + 4H_2O + 2NO$
保存法	熱や光で分解しやすいため，褐色びんに入れて冷暗所で保存する。
工業的製法	オストワルト法により製造される。 全体の反応式：$NH_3 + 2O_2 \rightarrow HNO_3 + H_2O$

◆ 濃硝酸と希硝酸の違い

	酸化剤としてはたらいたときの生成物	Al，Fe，Ni との反応
濃硝酸	二酸化窒素 NO_2	不動態となり，溶けない
希硝酸	一酸化窒素 NO	溶ける

以上で，窒素Nに関する内容はおしまいです！

7-2 リンP

1 リンの単体

リンの単体には，**黄リン**や**赤リン**といった同素体が存在します。
では，黄リンと赤リンの性質を整理していきましょう！

Ⓐ 黄リン

黄リンは淡黄色のろう状の固体で，
リン原子4つからなる正四面体形の分子です。
また，**極めて強い毒性**を示します。
さらに発火点が約35℃と低いため，空気中で
自然発火する危険があり，水中で保存されます。

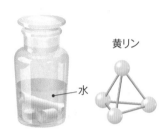

黄リン

水

Ⓑ 赤リン

赤リンは赤褐色の粉末で，**多数のリン原子が共有結合した**
構造をしています。黄リンと異なり，**毒性をほとんど示さず**，
発火点が約260℃と高いため，
自然発火することもありません。
赤リンは，マッチ箱の側薬などに用いられていて，
僕たちの身のまわりに存在する物質です。

赤リン

なお，空気を遮断して黄リンを約250℃に加熱すると，赤リンが得られます。

	化学式	毒性	発火点	二硫化炭素 CS_2 への溶解
黄リン	P_4（分子式）	強い	約35℃（自然発火する）	溶ける
赤リン	P（組成式）	ほとんど示さない	約260℃（自然発火しない）	溶けない

2 リンの化合物

ⓐ 十酸化四リンとリン酸

リンの化合物で特に重要なのは，**十酸化四リンP_4O_{10}とリン酸H_3PO_4**です。
順番に確認していきましょう！

リンの単体を空気中で燃焼させるとP_4O_{10}が得られます。

$$4P \ + \ 5O_2 \ \longrightarrow \ P_4O_{10}$$

P_4O_{10}は白色の粉末で**脱水作用**をもち，**吸湿性**を示すため，
脱水剤や乾燥剤に利用されます。
なお，空気中に放置すると空気中の水分を吸収して溶解します。
このような性質を**潮解性**といいます。
また，P_4O_{10}は「酸性酸化物」（p.97）であり，
水を加えて加熱すると，次のように反応して
リンのオキソ酸であるリン酸H_3PO_4が生成します。

125

$$P_4O_{10} + 6H_2O \longrightarrow 4H_3PO_4$$

H_3PO_4 は無色の結晶であり，水によく溶けます。

なお，**水溶液中では電離して H^+ を生じ，中程度の酸性**を示します。

$$H_3PO_4 \rightleftharpoons H^+ + H_2PO_4^-$$

❸ リン酸カルシウム

リン酸カルシウム $Ca_3(PO_4)_2$ はリン灰石などの鉱物の主成分であり，
動物の骨や歯の主成分でもあります。

$Ca_3(PO_4)_2$ に硫酸を作用させると，次の反応により，
硫酸カルシウムとリン酸二水素カルシウムの混合物が得られます。
この混合物は**過リン酸石灰**と呼ばれ，化学肥料に用いられています。

$$Ca_3(PO_4)_2 + 2H_2SO_4$$
$$\longrightarrow 2CaSO_4 + Ca(H_2PO_4)_2$$

リンは窒素，カリウムと共に「肥料の三要素」と呼ばれ，
植物の生育に欠かせません。

また，リンの単体を工業的に製造する場合は，
$Ca_3(PO_4)_2$ を主成分とする鉱物を
ケイ砂（主成分 SiO_2）とコークス（主成分 C）と共に
電気炉で高温に熱して反応させます。
このときの反応は，次の化学反応式で表されます。

$$2Ca_3(PO_4)_2 + 6SiO_2 + 10C \rightarrow 6CaSiO_3 + 10CO + P_4$$

なお，この反応で得られるリンの単体は黄リンであり，
赤リンではないので注意しましょう！

余力がある人には上の化学反応式も覚えてもらいたいのですが，
あまり優先順位は高くないので，
「$Ca_3(PO_4)_2$をSiO_2とCと一緒に反応させると，黄リンが得られる」
と覚えておいてもらえれば十分です！

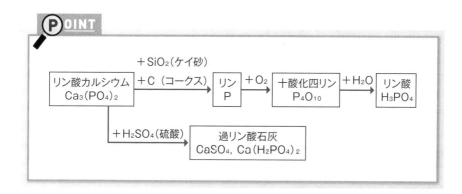

Chapter 7　一問一答

1 窒素N

□□□　⑴　アンモニアの水溶液は，酸性，塩基性のどちらを示すか。反応式を用いて説明せよ。

□□□　⑵　アンモニアの検出法とその結果を，2つ説明せよ。

□□□　⑶　アンモニアの工業的製法の名称を答えよ。

□□□　⑷　⑶の製法で用いる触媒に含まれる金属の元素記号を答えよ。

□□□　⑸　銅を希硝酸に溶かしたときに発生する窒素の酸化物の化学式を答えよ。

□□□　⑹　⑸で答えた気体は，水に溶けやすいか，溶けにくいかを答えよ。

□□□　⑺　アルミニウムを濃硝酸に加えたときの現象を説明せよ。

□□□　⑻　硝酸はどのように保存されるか。理由と共に説明せよ。

□□□　⑼　硝酸の工業的製法の名称と全体の化学反応式を答えよ。

□□□　⑽　⑼で答えた製法の工程のうち，白金触媒を用いる反応の化学反応式を答えよ。

2 リンP

□□□　⑴　自然発火するのは，黄リンと赤リンのうちどちらか答えよ。

□□□　⑵　マッチ箱の側薬に利用されているのは，黄リンと赤リンのうちどちらか答えよ。

□□□　⑶　二硫化炭素に溶解するのは，黄リンと赤リンのうちどちらか答えよ。

□□□　⑷　リンの単体を燃焼させると得られる化合物の化学式と名称を答えよ。

□□□　⑸　⑷で答えた化合物は，空気中の水蒸気を吸収して溶解する。このような性質を何というか答えよ。

□□□　⑹　⑷で答えた化合物に，水を加えて加熱することで得られる化合物の化学式と名称を答えよ。

□□□　⑺　⑹で答えた化合物の水溶液は，酸性，塩基性のどちらを示すか。反応式を用いて説明せよ。

□□□　⑻　リン酸カルシウムに硫酸を作用させることで得られる，硫酸カルシウムとリン酸二水素カルシウムの混合物を何というか答えよ。

□□□　⑼　⑻の混合物は何に利用されるか，例を1つ答えよ。

□□□　⑽　リン酸カルシウムにケイ砂とコークスを作用させて得られるリンの単体は，黄リンと赤リンのうちどちらか答えよ。

解 答

① 窒素N

参考

(1) アンモニアは，水溶液中で$NH_3 + H_2O \rightleftarrows NH_4^+ + OH^-$のように電離して$OH^-$を生じるため，塩基性を示す。　▶p.115

(2) ・湿らせた赤色リトマス紙をNH_3に近づけると，青色になる。　▶p.116
　・濃塩酸をつけたガラス棒をNH_3に近づけると，塩化アンモニウムNH_4Clの白煙が上がる。

(3) ハーバー・ボッシュ法　▶p.116

(4) Fe　▶p.116

(5) NO　▶p.117

(6) 溶けにくい　▶p.117

(7) 表面にち密な酸化被膜を形成し，内部を保護するため，溶けない。　▶p.120
（別解）不動態となるため，溶けない。

(8) 硝酸は熱や光によって分解されやすいため，褐色びんに入れて冷暗所で保存する。　▶p.120

(9) 名称……オストワルト法　▶p.121
　化学反応式……$NH_3 + 2O_2 \longrightarrow HNO_3 + H_2O$　▶p.122

(10) $4NH_3 + 5O_2 \longrightarrow 4NO + 6H_2O$　▶p.121

② リンP

(1) 黄リン　▶p.124

(2) 赤リン　▶p.124

(3) 黄リン　▶p.125

(4) 化学式……P_4O_{10}　　名称……十酸化四リン　▶p.125

(5) 潮解性　▶p.125

(6) 化学式……H_3PO_4　　名称……リン酸　▶p.125

(7) リン酸は，水溶液中で$H_3PO_4 \rightleftarrows H^+ + H_2PO_4^-$のように電離して$H^+$を生じるため，酸性を示す。　▶p.126

(8) 過リン酸石灰　▶p.126

(9) 化学肥料　▶p.126

(10) 黄リン　▶p.126

Chapter 7

15族元素

確認テスト

問1 次の文章を読み，下の問いに答えよ。

　硝酸 HNO_3 を工業的に製造する際には，まずアンモニア NH_3 と空気を混合し，白金網の間に通じる。このとき白金は 　ア　 としてはたらき，(a)アンモニアは酸化されて 　イ　 になる。次に 　イ　 を冷却後，(b)空気中の酸素と反応させて 　ウ　 とし，(c)これを水に吸収させることによって硝酸をつくる。この工業的製法をオストワルト法という。

　硝酸は強酸であると共に強い酸化剤であり，銅を酸化して窒素の酸化物となる。このとき， 　エ　 が銅を酸化すると 　イ　 ， 　オ　 が銅を酸化すると 　ウ　 が発生する。

(1) 　ア　〜 　オ　 に当てはまる語句を答えよ。

(2) 下線部(a)〜(c)の反応について，化学反応式を答えよ。

(3) 硝酸の保存方法について，簡潔に説明せよ。

(4) 標準状態で 448 L のアンモニアから得られる，質量パーセント濃度 63 ％の濃硝酸は，何 kg か。有効数字 2 桁で答えよ。ただし，用いたアンモニアはすべて硝酸に変化したとし，原子量は H ＝ 1.0，N ＝ 14，O ＝ 16 とする。

問2 次の文章を読み，下の問いに答えよ。

　リンの単体を燃焼させて生じる 　ア　 は白色の結晶で，吸湿性が強いため乾燥剤に用いられる。 　ア　 を水と混ぜて加熱すると， 　イ　 が生成する。また，リンは肥料の三要素の 1 つであり，リン酸肥料として使われる。自然に産出するリン鉱石（主成分：$Ca_3(PO_4)_2$）を適量の硫酸と反応させることでつくる 　ウ　 が肥料として用いられる。

(1) リンの代表的な同素体には黄リンと赤リンがある。これらのうち，強い毒性を示し，自然発火するのはどちらか答えよ。

(2) 　ア　〜 　ウ　 に当てはまる語句を答えよ。

(3) 下線部の反応について，化学反応式を答えよ。

(4) リン以外にあと 2 つ，「肥料の三要素」として知られる元素がある。2 つの元素記号を答えよ。

問1 (1) 空欄に当てはまる語句は，それぞれ次のとおりです。濃硝酸と希硝酸の違いに気をつけてくださいね。

> **答** ア：**触媒**　イ：**一酸化窒素**　ウ：**二酸化窒素**　エ：**希硝酸**　オ：**濃硝酸**

(2) (a)〜(c)は，オストワルト法の3つの反応ですね。オストワルト法は，3つの反応をまとめた全体の反応式が一番大切ですが（(4)で使います！），各段階におけるそれぞれの反応式も書けるようにしておきましょう！

> **答** (a) $4NH_3 + 5O_2 \rightarrow 4NO + 6H_2O$
> (b) $2NO + O_2 \rightarrow 2NO_2$
> (c) $3NO_2 + H_2O \rightarrow 2HNO_3 + NO$

(3) 硝酸は，熱や光で分解してしまうので，保存に注意が必要です。

> **答** **褐色びんに入れて，冷暗所で保存する。**

(4) オストワルト法の全体の反応式は，$NH_3 + 2O_2 \rightarrow HNO_3 + H_2O$ であるため，<u>NH_3 1 mol から HNO_3（モル質量 63 g/mol）1 mol が得られます</u>。よって，得られる HNO_3 の質量は次のように求められます。

$$\frac{448\,L}{22.4\,L/mol} \times 63\,g/mol = 1.26 \times 10^3\,g$$

これより，63％の濃硝酸の質量（溶液の質量）は，

$$1.26 \times 10^3\,g \times \frac{100}{63} = 2000\,g = 2.0\,kg$$

と求まります。　　　　　　　　　　　　　　　　**答** **2.0 kg**

問2 (1) 強い毒性をもち，発火点が低く自然発火するのは黄リンですね。黄リンと赤リンにはほかにも異なる性質があるので，忘れてしまった人はp.125で確認しておきましょう！　　**答** **黄リン**

(2) 空欄に当てはまる語句は，それぞれ次のとおりです。

> **答** ア：**十酸化四リン**　イ：**リン酸**　ウ：**過リン酸石灰**

(3) 酸性酸化物である十酸化四リン P_4O_{10} は，次のように水と反応し，リンのオキソ酸であるリン酸になります。

> **答** $P_4O_{10} + 6H_2O \rightarrow 4H_3PO_4$

(4) 「肥料の三要素」と呼ばれる元素は，**リン，窒素，カリウム**です。大学入試でよく見かけるのはリンですが，余力がある人は残りの2つも覚えておきましょう！

> **答** **N，K**

Chapter **8**

14族元素

Chapter 8では，14族元素である炭素Cと
ケイ素Siの性質を学習していきます。
これらの元素の原子は，共に価電子を4個
もつため類似点もありますが，異なる点も
多いのできちんと整理していきましょう！

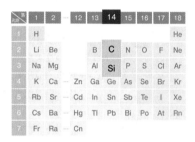

8-1 炭素C

1 炭素の単体

炭素の単体には，**ダイヤモンド**，**黒鉛（グラファイト）**，**フラーレン**などの
同素体が存在します。

Ⓐ ダイヤモンド

ダイヤモンドの結晶は，各炭素原子が
4個の価電子を使って，隣り合う炭素
原子と次々に共有結合した構造をして
います。
右図のように，正四面体を基本単位と
した立体網目構造を形成しているので
す。
共有結合は最も強力な化学結合であり，
ダイヤモンドは，極めて硬い物質です。

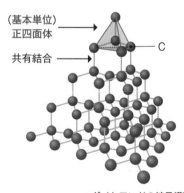

▲ダイヤモンドの結晶構造

❸ 黒鉛（グラファイト）

黒鉛の結晶は，各炭素原子が4個の価電子のうち3個の価電子を使って
隣り合う炭素原子と次々に共有結合した構造をしています。

正六角形を基本単位とした平面構造を形成しており，

この平面構造どうしがファンデルワールス力によって結びつき，

下図のように，平面層状構造の結晶になっているのです。

ファンデルワールス力は非常に弱い引力であるため，

黒鉛の結晶は軟らかく，薄く層に沿ってはがれやすいといった性質をもちます。

また，共有結合に使われていない残りの価電子は，

層上を自由に動きまわることができます。

そのため，**黒鉛の結晶は電気をよく通します。**

なお，ダイヤモンドは電気を通さないため，

入試問題では両者の比較がよく出題されます。覚えておきましょう！

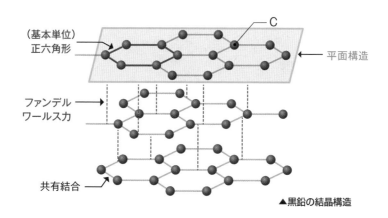

▲黒鉛の結晶構造

ダイヤモンド ➡ 電気を通さない！

黒鉛（グラファイト）➡ 電気をよく通す！

⑥ フラーレン

フラーレンは炭素原子60個または70個からできた
球状分子C_{60}，C_{70}などであり，黒色粉末状の物質です。
C_{60}はサッカーボール型の構造をもち，とてもきれいな形をした分子です。
この構造がわかったとき，科学者は感動したことでしょう……。
そんなフラーレンがはじめて発見されたのは1985年であり，
つい最近のことなんです！
それ以降フラーレンの研究が一気に進み，現在は医薬品，化粧品，電池など，
様々な分野で利用されています。

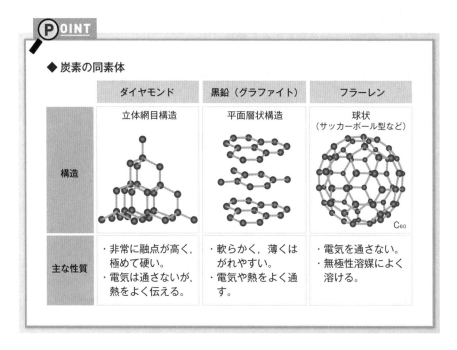

POINT

◆ 炭素の同素体

	ダイヤモンド	黒鉛（グラファイト）	フラーレン
構造	立体網目構造	平面層状構造	球状 （サッカーボール型など） C_{60}
主な性質	・非常に融点が高く，極めて硬い。 ・電気は通さないが，熱をよく伝える。	・軟らかく，薄くはがれやすい。 ・電気や熱をよく通す。	・電気を通さない。 ・無極性溶媒によく溶ける。

② 炭素の酸化物

炭素の酸化物には，**一酸化炭素CO**と**二酸化炭素CO_2**があります。
CO_2は僕たち生物の呼吸や有機化合物の完全燃焼で生成し，

大気中に体積比で約0.04％程度存在する身近な気体です。
一方，COは有機化合物の不完全燃焼などで生成し，
極めて強い毒性を示す気体です。

Ⓐ 一酸化炭素

一酸化炭素COは無色・無臭で，水に溶けにくい気体です。
また，COは極めて強い毒性を示します。
COの怖いところは，無臭のため，
たとえ吸い込んだとしても気がつかないところです。
COを大量に吸い込んでしまうと，
COが血中のヘモグロビンと結合してしまい，
ヘモグロビンが酸素を運搬するのを妨げてしまうため，
危険な状態に陥るのです。

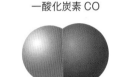

一酸化炭素 CO

さて，COを実験室で発生させるには，
有機化合物である**ギ酸HCOOH**に**濃硫酸**を加えて**加熱**します。
この反応は，濃硫酸の「脱水作用」を利用したものです。

$$HCOOH \xrightarrow{\text{濃硫酸}} H_2O + CO$$

$$
\boxed{H - \underset{\underset{O}{\parallel}}{C} - OH} \longrightarrow \text{脱水}
$$

Ⓑ 二酸化炭素

二酸化炭素CO₂は無色・無臭で，わずかに水に溶ける気体です。
「**酸性酸化物**」（p.96）であり，水に溶けると**炭酸H₂CO₃**を生じ，
その一部が次のように電離して，**水素イオンH⁺**を生じるため，
水溶液は弱酸性を示します。

二酸化炭素 CO₂

$$CO_2 + H_2O \rightleftarrows H_2CO_3 \rightleftarrows H^+ + HCO_3^-$$

CO_2 を実験室で発生させるには,

石灰石（主成分 $CaCO_3$）に希塩酸を加えて反応させます。

$$CaCO_3 + 2HCl \longrightarrow CaCl_2 + H_2O + CO_2$$

この反応は, Chapter 9で詳しくあつかいます！

また, **CO_2 を石灰水◆に通じると,**

炭酸カルシウム $CaCO_3$ の白色沈殿が生じて白濁します。

これは, CO_2 が水に溶けて生じた H_2CO_3（酸）と

$Ca(OH)_2$（塩基）の中和反応です。

$$CO_2 + Ca(OH)_2 \longrightarrow H_2O + CaCO_3$$

$$\left[\begin{array}{l} CO_2 \quad + H_2O \ (\rightleftarrows H_2CO_3) \rightleftarrows \ 2H^+ + CO_3{}^{2-} \\ Ca(OH)_2 \qquad\qquad\qquad \longrightarrow \quad 2OH^- + Ca^{2+} \\ \hline CO_2 \quad + H_2O + Ca(OH)_2 \ \longrightarrow \ 2H_2O + CaCO_3 \end{array} \right]$$

そして, CO_2 を吹き込んで白濁した石灰水に

さらに CO_2 を吹き込み続けると,

なんと濁りが消えて再び無色透明の水溶液になるんです！

これは水に不溶の $CaCO_3$ が, CO_2 を含む水と反応して,

炭酸水素カルシウム $Ca(HCO_3)_2$ となり, 溶解するためです。

$$CaCO_3 + CO_2 + H_2O \longrightarrow Ca(HCO_3)_2$$

◆ 水酸化カルシウムの飽和水溶液を石灰水という。

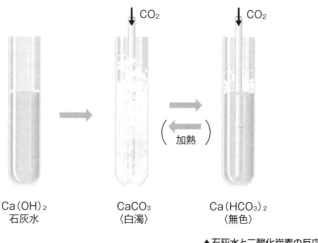

Ca(OH)₂
石灰水

CaCO₃
〈白濁〉

Ca(HCO₃)₂
〈無色〉

▲石灰水と二酸化炭素の反応

石灰水にCO₂を吹き込むと白濁し，さらに吹き込むと再び透明の水溶液になる！

なお，後半の反応は可逆反応であり，
$Ca(HCO_3)_2$ 水溶液を加熱すると，再び $CaCO_3$ の白色沈殿が生じます。
これは，加熱によって CO_2 が気体となって水溶液から抜けていくため
ルシャトリエの原理◆より，逆反応が進むからです。

$$CaCO_3 \ + \ CO_2\uparrow \ + \ H_2O \ \underset{加熱}{\rightleftharpoons} \ Ca(HCO_3)_2$$

余談ですが，僕の友人に
「小学生のとき，二酸化炭素を吹き込むことで石灰水が白濁する現象に感動して，
化学の道を志した」という人がいます。
それまでは理科の勉強になんの興味もなかったようですが，
その体験1つで彼の進路が決まったようです。
こんな風にほんの些細なことがきっかけで，
「大学でこれを勉強したい！」と思えるものに出会うことも
あるのかもしれませんね。

◆ 可逆反応が平衡状態にあるとき，その反応に関わる物質の濃度などの条件が変化すると，その変化の影響を
　打ち消す方向へと平衡が移動すること。

8-2 ケイ素Si

■1 ケイ素の単体

ケイ素は鉱物や岩石に含まれており，
酸素に次いで地殻中に多く含まれる元素です。
「地殻って……？」と思った人もいますよね。
地殻とは地表から5～60km程度の部分を指し，
主に二酸化ケイ素，酸化アルミニウム，
酸化鉄などで構成されています。

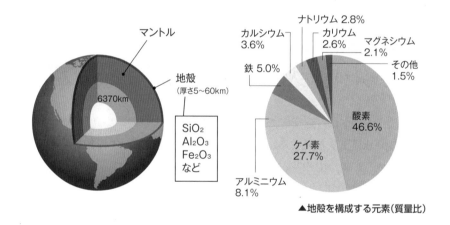

▲地殻を構成する元素（質量比）

一般に，大気や海洋を含む地表付近に存在する元素の量（質量比）を
「クラーク数」といい，大きい順に並べるとO, Si, Al, Feとなります。
皆さんはこの順位を4番目まで覚えておく必要があります！

$$O > Si > Al > Fe$$
おっ　　　しゃる　　　て

このように，ケイ素は天然に多く存在する元素ですが，
「単体」のケイ素Siは天然に存在していません。

ケイ素の単体を得るには，
二酸化ケイ素SiO_2を電気炉で融解し，炭素を用いて還元する必要があります。

$$SiO_2 \ + \ 2C \ \longrightarrow \ Si \ + \ 2CO$$

ケイ素の単体は下図のように，
ダイヤモンドと同じ構造をした共有結合の結晶で，
灰黒色の金属光沢があります。

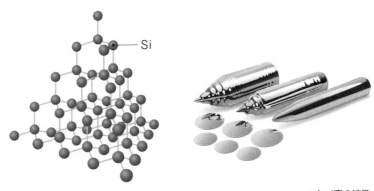

Si

▲ケイ素の結晶

また，ケイ素は周期表上で金属元素と非金属元素の境目に位置しており，
「金属元素に近い」非金属元素です。
そのため，電気伝導性は金属と非金属の中間の大きさであり，
高純度のものは**半導体**として，
コンピューターの部品や太陽電池などの材料に利用されています。

▲IC(集積回路)　　　　　　　　　　　　　　▲太陽電池

❷ 二酸化ケイ素

二酸化ケイ素SiO_2は，ケイ素原子と酸素原子が交互に共有結合した結晶です。
石英（透明な結晶を「**水晶**」，砂状のものを「**ケイ砂**」という）として，
地殻中に多く存在しています。

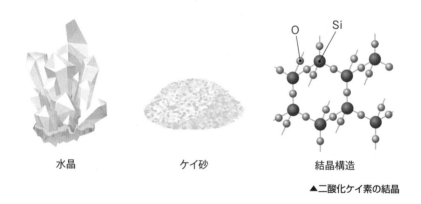

水晶　　　　　　　　　ケイ砂　　　　　　　　　結晶構造

▲二酸化ケイ素の結晶

p.84であつかったように，SiO_2はガラスの主成分でもあり，
フッ化水素酸に溶けて，ヘキサフルオロケイ酸H_2SiF_6を生じます。
また，SiO_2を繊維状にしたものは，
光ファイバーとして光通信に利用されています。

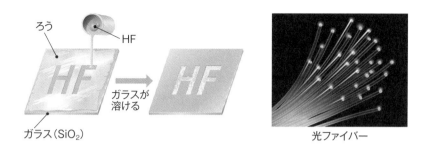

ろう

HF

ガラスが
溶ける

ガラス（SiO_2）

光ファイバー

3 シリカゲルの製法

SiO_2 は「**酸性酸化物**」（p.96）であり，
水酸化ナトリウム $NaOH$ や炭酸ナトリウム Na_2CO_3 のような塩基と反応して，
ケイ酸ナトリウム Na_2SiO_3 となります。

$$SiO_2 \ + \ 2NaOH \ \longrightarrow \ Na_2SiO_3 \ + \ H_2O$$
$$SiO_2 \ + \ Na_2CO_3 \ \longrightarrow \ Na_2SiO_3 \ + \ CO_2$$

乾燥剤や吸着剤として利用される**シリカゲル**は，
Na_2SiO_3 から次のようにしてつくることができます。

まず，Na_2SiO_3 に水を加えて加熱すると，
水あめのような無色透明で粘性をもった液体の**水ガラス**が得られます。
さらに，水ガラスに強酸（塩酸など）を加えると，
弱酸であるケイ酸 H_2SiO_3 の白色ゲル状沈殿が生成します。

$$Na_2SiO_3 \ + \ 2HCl \ \longrightarrow \ 2NaCl \ + \ H_2SiO_3$$

これは，p.30 で確認した弱酸の遊離反応ですね。
そして最後に，ケイ酸 H_2SiO_3 を加熱して脱水するとシリカゲルが得られます。

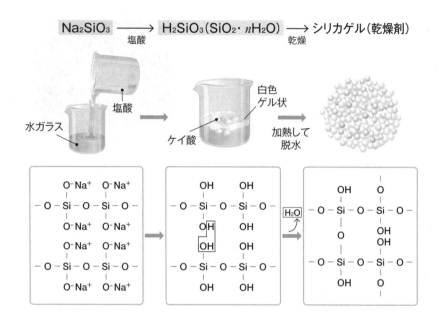

シリカゲルは H_2SiO_3 を強制的に脱水したものなので，

多くの空洞ができています（多孔質）。

また，その表面に多数の－OHをもち，

周りに存在する H_2O 分子や NH_3 分子を取り込んで

水素結合によって結びつくため，乾燥剤や吸着剤として用いられます。

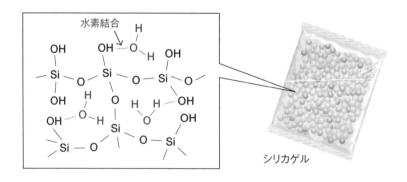

シリカゲル

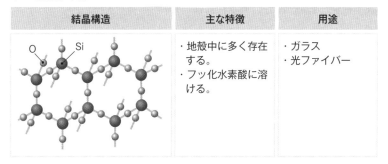

◆ ケイ素の単体 Si

結晶構造	主な特徴	用途
	・天然には存在していない。 ・半導体としての性質をもつ。	・コンピューターの部品 ・太陽電池

◆ 二酸化ケイ素 SiO_2

結晶構造	主な特徴	用途
	・地殻中に多く存在する。 ・フッ化水素酸に溶ける。	・ガラス ・光ファイバー

◆シリカゲル

乾燥剤や吸着剤として利用されるシリカゲルは，次のようにつくられる。

水ガラス　　　　　　ケイ酸
Na_2SiO_3　→(塩酸)→　H_2SiO_3　→(加熱)→　シリカゲル

これで Chapter 8 はおしまいです。

炭素Cに関する物質は「理論化学」でも出てきますが，

ケイ素Siに関する物質は，はじめて勉強した人も多いかもしれませんね。

次ページの問題に触れながら，少しずつ慣れていきましょう！

Chapter 8　一問一答

1 炭素C

□□□　(1) ダイヤモンドと黒鉛（グラファイト）のうち，電気をよく通すのはどちらか答えよ。また，その理由を簡潔に説明せよ。

□□□　(2) 炭素の同素体のうち，炭素原子60個や70個からなる球状の分子であるものを答えよ。

□□□　(3) 一酸化炭素を実験室で発生させる方法を簡潔に説明せよ。

□□□　(4) 二酸化炭素を石灰水に通じると白濁した。この反応の化学反応式を答えよ。

□□□　(5) (4)のあと，さらに二酸化炭素を通じると，再び透明の水溶液になった。このときの反応の化学反応式を答えよ。

□□□　(6) (5)で得られた水溶液を加熱すると，どのような現象が見られるか。簡潔に説明せよ。

2 ケイ素Si

□□□　(1) 地殻中に質量比で3番目に多く含まれる元素の名称を答えよ。

□□□　(2) ケイ素の単体は，二酸化ケイ素を電気炉で融解し，炭素を用いて還元することで得られる。この反応の化学反応式を答えよ。

□□□　(3) ケイ素の単体は，電気伝導性が金属と非金属の中間の大きさである。このような物質を何というか答えよ。

□□□　(4) 二酸化ケイ素はガラスの主成分であり，フッ化水素酸に溶ける。このときに生成するケイ素の化合物の名称を答えよ。

□□□　(5) 二酸化ケイ素を繊維状にしたものは，光通信などに利用される。これを何というか答えよ。

□□□　(6) ケイ酸ナトリウムに水を加えて加熱すると得られる，粘性がある液体は何か答えよ。

□□□　(7) (6)で答えた液体に塩酸を加えると，ケイ酸の白色ゲル状沈殿が生じる。この反応の化学反応式を答えよ。

□□□　(8) (7)で得られたケイ酸を加熱し脱水すると，シリカゲルが得られる。シリカゲルが乾燥剤や吸着剤として利用できる理由を，構造に着目して簡潔に説明せよ。

1 炭素C

(1) 黒鉛（グラファイト）
　　理由……各炭素原子の価電子のうち，共有結合に使われていない電
　　　　　　子が層上を自由に移動できるから。

▶ p.133

(2) フラーレン

▶ p.134

(3) ギ酸に濃硫酸を加えて加熱する。

▶ p.135

(4) $CO_2 + Ca(OH)_2 \longrightarrow H_2O + CaCO_3$

▶ p.136

(5) $CaCO_3 + CO_2 + H_2O \longrightarrow Ca(HCO_3)_2$

▶ p.136

(6) 再び炭酸カルシウムの白色沈殿が生じる。

▶ p.137

2 ケイ素Si

(1) アルミニウム

▶ p.138

(2) $SiO_2 + 2C \longrightarrow Si + 2CO$

▶ p.139

(3) 半導体

▶ p.139

(4) ヘキサフルオロケイ酸

▶ p.140

(5) 光ファイバー

▶ p.140

(6) 水ガラス

▶ p.141

(7) $Na_2SiO_3 + 2HCl \longrightarrow 2NaCl + H_2SiO_3$

▶ p.141

(8) シリカゲルは多孔質でその表面に多数の－OHをもち，H_2O分子や
NH_3分子などと水素結合により結びつくから。

▶ p.142

Chapter 8

14族元素

確認テスト

問1 次の文章を読み，下の問いに答えよ。

ダイヤモンドと黒鉛は炭素の ア である。ダイヤモンドの結晶は，1個の炭素原子がほかの イ 個の炭素原子と次々に ウ 結合した結晶で，きわめて硬い。黒鉛は，1個の炭素原子がほかの エ 個の炭素原子と ウ 結合している。それにより，正六角形が平面的につながった構造をつくり，それらが何層にも積み重なっている。層と層の間には弱い オ がはたらいているため，黒鉛は，はがれやすく軟らかい。

炭素の酸化物である カ には極めて強い毒性があるが， キ には毒性はない。また，(a) キ を石灰水に通じると白色沈殿が生じ，さらに(b) キ を通じると沈殿が溶ける。

(1) ア ～ キ に当てはまる語句を答えよ。

(2) 下線部(a)と(b)の反応について，化学反応式を答えよ。

問2 次の文章を読み，下の問いに答えよ。

ケイ素は地表の岩石中に ア に次いで多く含まれる元素である。単体は，ケイ素原子が イ 結合によってつながった結晶である。天然には単体で存在していないが，(a)酸化物やケイ酸塩などから人工的に取り出され， ウ として集積回路や太陽電池などに用いられている。

二酸化ケイ素は，ケイ素原子と酸素原子が イ 結合によってつながった結晶であり，天然に広く存在している。繊維状にしたものは エ として光通信に利用されている。また，ガラスの主成分でもある二酸化ケイ素は，(b)フッ化水素酸に溶ける。

オ は，二酸化ケイ素から次のようにしてつくられる。まず，二酸化ケイ素を水酸化ナトリウムと共に加熱するとケイ酸ナトリウムが生じ，ケイ酸ナトリウムに水を加えて加熱すると粘性の高い カ が得られる。さらに希塩酸を加えるとケイ酸が析出し，これを乾燥させると オ になる。その表面は−OH基で覆われた多孔質であるため，単位質量に対して キ が非常に大きく，乾燥剤や吸着剤として使われる。

(1) ア ～ キ に当てはまる語句を答えよ。

(2) 下線部(a)について，二酸化ケイ素と炭素から，ケイ素の単体を得る反応の化学反応式を答えよ。

(3) 下線部(b)の反応について，化学反応式を答えよ。

問1 (1) 空欄に当てはまる語句は，それぞれ次のとおりです。炭素の同素体，酸化物の性質の違いを確認しておきましょう。

> **答** ア：**同素体**　　　イ：**4**　　　ウ：**共有**　　　エ：**3**
> オ：**ファンデルワールス力**　カ：**一酸化炭素**　キ：**二酸化炭素**

(2) 二酸化炭素と石灰水の反応は大学入試でとてもよく出題されるので，化学反応式も含めてきちんと覚えておいてください！

> **答** (a) $CO_2 + Ca(OH)_2 \rightarrow H_2O + CaCO_3$
> (b) $CaCO_3 + CO_2 + H_2O \rightarrow Ca(HCO_3)_2$

問2 (1) 空欄に当てはまる語句は，それぞれ次のとおりです。シリカゲルの製法は，しっかりと流れを理解したうえで，覚えておきましょう！

> **答** ア：**酸素**　　　イ：**共有**　　　ウ：**半導体**　　　エ：**光ファイバー**
> オ：**シリカゲル**　カ：**水ガラス**　キ：**表面積**

(2) 二酸化ケイ素を電気炉で融解し，炭素を用いて次のように反応させると，ケイ素の単体が得られます。

> **答** $SiO_2 + 2C \rightarrow Si + 2CO$

(3) フッ化水素酸は二酸化ケイ素と次のように反応し，ガラス（主成分：SiO_2）を溶かす性質があるため，ポリエチレン容器に保存します。忘れてしまった人は，p.85に戻って確認しておきましょう！

> **答** $6HF + SiO_2 \rightarrow H_2SiF_6 + 2H_2O$

Chapter **9** 気体の性質と製法

いよいよPart 2の最後の章です！
ここでは，「非金属元素」の単元中で最もよく出題される，
「気体の性質と製法」についてまとめていきます。
これまでの章で軽く触れてきた内容も含まれますが，
詳しく見ていきましょう！

9-1 気体の水への溶解性

気体の性質を覚えるときは，まず「水に溶ける」か「水に溶けない」かを
きちんと整理しておきましょう！

1 水に溶ける気体

水に溶ける気体には，次のようなものがあります。

水によく溶ける ⇒ NH_3, HCl, HF, NO_2, SO_2
水に少し溶ける ⇒ Cl_2, H_2S, CO_2

A 水溶液の液性

このうち，"NH_3"だけは水に溶けて（弱）塩基性を示し，
残りの気体はすべて水に溶けて酸性を示します。
水溶液が酸性を示す気体についてもう少し細かく分類すると，
HCl，Cl_2，NO_2は水に溶けて強酸性，残りの気体は弱酸性を示します。
HClが強酸であることを知っている人は多いと思いますが，

Cl_2やNO_2の水溶液も強酸性を示します。

これは，p.76とp.118でも出てきたように，

Cl_2は水と反応して塩化水素HCl（強酸）を，

NO_2は水と反応して硝酸HNO_3（強酸）を生じるためです。

> 弱塩基性 　$\Rightarrow$ 　NH_3
>
> 強酸性 　　$\Rightarrow$ 　HCl，Cl_2，NO_2
>
> 弱酸性 　　$\Rightarrow$ 　HF，SO_2，H_2S，CO_2

❸ におい，毒性

塩基性気体，酸性気体であるこれらの気体には基本的に刺激臭があります。

ただし，例外があり，CO_2は**無臭**です。

また，H_2Sは独特な悪臭である**腐卵臭**を発します。

なお，一般に**刺激臭や腐卵臭がある気体は有毒**です。

無臭のCO_2は**無毒**です。

> 刺激臭・有毒 　$\Rightarrow$ 　NH_3，HCl，HF，NO_2，SO_2，Cl_2
>
> 腐卵臭・有毒 　$\Rightarrow$ 　H_2S
>
> 無臭・無毒 　　$\Rightarrow$ 　CO_2

❹ 捕集法

水に溶ける気体を実験室で発生させたときは

上方置換か**下方置換**で捕集します。

このとき，**空気よりも軽い気体は上方置換，重い気体は下方置換**で捕集します。

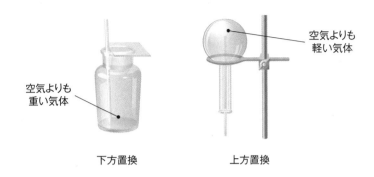

空気よりも
重い気体

空気よりも
軽い気体

下方置換　　　　　　　　　上方置換

空気の平均分子量は，およそ28.8[◆1]ですので，

分子量が28.8よりも小さい気体は空気よりも軽く，

大きい気体は空気よりも重いということです。

なお，高校化学であつかう気体のうち，

空気よりも軽く上方置換で捕集する気体は"NH₃(分子量17)"だけと

覚えておきましょう！

　　　上方置換　⇒　NH₃

　　　下方置換　⇒　HCl, HF[◆2], NO₂, Cl₂, SO₂, H₂S, CO₂

◆1 空気は，窒素(分子量28)と酸素(分子量32)が体積比でおよそ4：1で混ざった混合気体なので，その平均
　　分子量は$28 \times \frac{4}{5} + 32 \times \frac{1}{5} = 28.8$となる。

◆2 HF(分子量20)は，通常，二量体(HF)₂を形成しているため，空気よりも重い。

◆ 水に溶ける気体

気体	液性	におい	毒性	捕集法
NH_3	弱塩基性			上方置換
HCl				
Cl_2	強酸性	刺激臭	有毒	
NO_2				下方置換
HF				
SO_2	弱酸性			
H_2S		腐卵臭		
CO_2		無臭	無毒	

2 水に溶けにくい気体

水に溶けにくい気体には，次のようなものがあります。

$$H_2, \ O_2, \ O_3, \ N_2, \ CO, \ NO$$

なお，これらの気体は水に溶けにくいため，
「酸性」や「塩基性」を示すことはありません。
よって，すべて**中性**気体です。

❹ におい，毒性
中性気体であるこれらの気体は，基本的に無臭・無毒です。
ただし例外があり，O_3 は**特異臭・有毒**です。
また，p.135でも触れたように，COは**無臭・有毒**です。

無臭・無毒　⇒　H_2, O_2, N_2

特異臭・有毒　⇒　O_3

無臭・有毒　⇒　CO

❸ 捕集法

水に溶けにくい気体を
実験室で発生させたときは，
すべて**水上置換**で捕集します。

水上置換

POINT

◆ 水に溶けにくい気体

気体	におい	毒性	捕集法
H_2	無臭	無毒	水上置換
O_2			
N_2			
NO	—◆	—	
CO	無臭	有毒	
O_3	特異臭		—

9-2 酸化剤，還元剤としてはたらく気体

ここでは，酸化作用を示す気体と還元作用を示す気体を
確認していきましょう！

◆ NOは空気中で直ちにNO_2に変化してしまうため，においをかぐのは困難である。

◻1 酸化作用を示す気体

Cl₂やO₃は強い酸化作用を示します（p.71，p.95）。

それぞれの気体が酸化剤としてはたらくときの半反応式は，次のとおりです。

$$\boxed{O}\ Cl_2 + 2e^- \longrightarrow 2Cl^-$$
$$\boxed{O}\ O_3 + 2H^+ + 2e^- \longrightarrow O_2 + H_2O \quad （酸性下）$$
$$O_3 + H_2O + 2e^- \longrightarrow O_2 + 2OH^- \quad （中性，塩基性下）$$

◻2 還元作用を示す気体

H₂SとSO₂は共に強い還元作用を示す気体です（p.99）。

それぞれの気体が還元剤としてはたらくときの半反応式は，次のとおりです。

$$\boxed{R}\ H_2S \longrightarrow S + 2H^+ + 2e^-$$
$$\boxed{R}\ SO_2 + 2H_2O \longrightarrow SO_4^{2-} + 4H^+ + 2e^-$$

また，**COやH₂も高温条件下では，強い還元作用を示します。**

◻3 酸化漂白作用と還元漂白作用

酸化作用や還元作用を示す物質は，
その性質を利用して色素のもとになる分子を破壊したり，
その構造を一部変化させることで，漂白作用を示します。
例えば，Cl₂は酸化漂白作用，SO₂は還元漂白作用によって，
花の色素を漂白します。

+Cl₂
または
+SO₂

▲花の色素の漂白

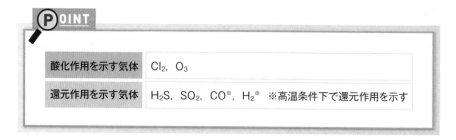

酸化作用を示す気体	Cl_2, O_3
還元作用を示す気体	H_2S, SO_2, CO^*, H_2^*　※高温条件下で還元作用を示す

9-3 気体の乾燥剤

ここでは，気体の乾燥剤について確認していきます。

「気体を乾燥させる」とは，

水蒸気を含む気体から，水蒸気を取り除くことを意味します。

つまり，

乾燥させたい気体と乾燥剤が反応してしまう ## ## ような組み合わせはNG

です！

例えば，水蒸気を含む二酸化炭素をソーダ石灰で乾燥することはできません。

これは，二酸化炭素は「酸性気体」，ソーダ石灰は「塩基性の乾燥剤」であり，

互いに反応してしまうためです。

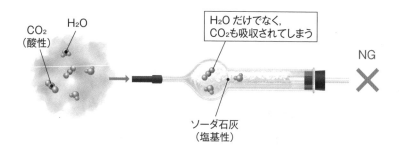

二酸化炭素の乾燥剤には，
二酸化炭素と反応しないものを選ぶ必要があります。
基本的に，「酸性」と「塩基性」の組み合わせは反応してしまうので，
気体と乾燥剤の組み合わせは次のように整理することができます。

乾燥剤＼気体	酸性 HCl，HF，NO_2， SO_2，Cl_2，H_2S， CO_2	塩基性 NH_3	中性 H_2，O_2，O_3 N_2，CO，NO
酸性 濃硫酸 十酸化四リン	○ ※1	×	○
塩基性 ソーダ石灰 酸化カルシウム	×	○	○
中性 塩化カルシウム	○	× ※2	○

○：使用できる

×：使用できない

上記の表の※1, 2のうち，次の組み合わせは，以下の理由により使用できません。

※1　**濃硫酸 ― H_2S ➡ ×**

濃硫酸が酸化剤，H_2Sが還元剤としてはたらくため，

酸化還元反応が起こってしまう。

※2　**塩化カルシウム ― NH_3 ➡ ×**

次のような反応が起こってしまう。

$CaCl_2 + 8NH_3 → CaCl_2 \cdot 8NH_3$

9-4 気体の検出反応

「色が変わる反応」や「沈殿を生じる反応」などは，検出反応に利用されます。
代表的なものを確認していきましょう！

1 二酸化炭素 CO_2

石灰水（水酸化カルシウム水溶液）に通じると，
炭酸カルシウムの白色沈殿が生じて，白く濁る。

$$Ca(OH)_2 + CO_2$$
$$\longrightarrow CaCO_3\downarrow + H_2O$$

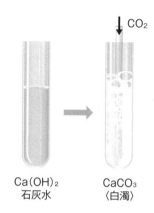

$Ca(OH)_2$
石灰水

$CaCO_3$
〈白濁〉

2 アンモニア NH_3

塩基性気体のため，湿った赤色のリトマス紙に触れさせると青色になる。
濃塩酸を近づけると，塩化アンモニウムの白煙を生じる。

$$NH_3 + HCl \longrightarrow NH_4Cl$$

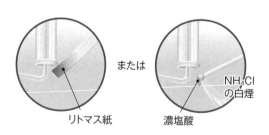

または

リトマス紙

NH_4Cl
の白煙

濃塩酸

③ 一酸化窒素NO

空気に触れると，
直ちに二酸化窒素に変化して赤褐色になる。

$$2NO \ + \ O_2 \ \longrightarrow \ 2NO_2$$

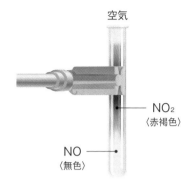

空気

NO₂
〈赤褐色〉

NO
〈無色〉

④ 一酸化炭素CO

空気中で点火すると，青い炎を上げて燃える。

$$2CO \ + \ O_2 \ \longrightarrow \ 2CO_2$$

CO

⑤ オゾンO₃，塩素Cl₂

強い酸化作用をもつため，湿ったヨウ化カリウムデンプン紙を青紫色にする。

$$O_3 \ + \ H_2O \ + \ 2KI \ \longrightarrow \ 2KOH \ + \ O_2 \ + \ I_2$$

$$
\begin{array}{l}
\boxed{O} \quad O_3 \ + \ H_2O \ + \ 2e^- \ \longrightarrow \ O_2 \ + \ 2OH^- \\
\boxed{R} \quad 2I^- \qquad\qquad\qquad \longrightarrow \ I_2 \ + \ 2e^- \\
\hline
\quad O_3 \ + \ H_2O \ + \ 2I^- \ \longrightarrow \ O_2 \ + \ 2OH^- \ + \ I_2 \\
\qquad\qquad\qquad (2K^+) \qquad\qquad\qquad (2K^+) \\
\quad O_3 \ + \ H_2O \ + \ 2KI \ \longrightarrow \ O_2 \ + \ 2KOH \ + \ I_2
\end{array}
$$

$$Cl_2 + 2KI \longrightarrow 2KCl + I_2$$

$$
\begin{array}{l}
\boxed{\text{O}}\ Cl_2 + 2e^- \longrightarrow 2Cl^- \\
\boxed{\text{R}}\ 2I^- \qquad\qquad \longrightarrow I_2 + 2e^- \\
\hline
Cl_2 + 2I^- \longrightarrow 2Cl^- + I_2 \\
\qquad\quad (2K^+) \quad \downarrow \quad (2K^+) \\
Cl_2 + 2KI \longrightarrow 2KCl + I_2
\end{array}
$$

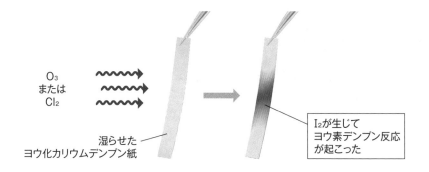

O_3
または
Cl_2

湿らせた
ヨウ化カリウムデンプン紙

I_2が生じて
ヨウ素デンプン反応
が起こった

9-5　気体の製法

気体の製法をすべて丸暗記しようとすると，とても大変です。

そこで，ここでは気体の製法を3つのグループに分けて説明していきます。

1　弱酸・弱塩基の遊離反応

気体の製法には，p.30で確認した，

弱酸・弱塩基の遊離反応を利用したものがあります。

この章で登場する強酸と弱酸，強塩基と弱塩基をまとめておきます。

酸

強酸	塩化水素 HCl, 硫酸 H_2SO_4
弱酸	炭酸 H_2CO_3, 硫化水素 H_2S, 亜硫酸 H_2SO_3, フッ化水素 HF

塩基

強塩基	水酸化ナトリウム NaOH, 水酸化カルシウム $Ca(OH)_2$
弱塩基	アンモニア NH_3

❹ アンモニア NH_3

➡ 塩化アンモニウムと水酸化カルシウムの混合物を加熱する

この反応は，アンモニアが弱塩基，水酸化カルシウムが強塩基であることを利用した**弱塩基の遊離反応**です。

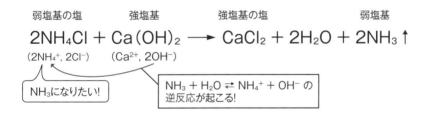

弱塩基の塩 　　　　 強塩基 　　　　 強塩基の塩 　　　　 弱塩基

$$2NH_4Cl + Ca(OH)_2 \longrightarrow CaCl_2 + 2H_2O + 2NH_3 \uparrow$$

$(2NH_4^+, 2Cl^-)$ 　 $(Ca^{2+}, 2OH^-)$

NH_3になりたい!

$NH_3 + H_2O \rightleftarrows NH_4^+ + OH^-$ の逆反応が起こる!

さて，ここで次の記述のような正誤問題が出題された場合，
正文，誤文のどちらだと思いますか？

**「塩化アンモニウムと水酸化ナトリウムの混合物を加熱すると
アンモニアが発生する」**

「塩化アンモニウムと水酸化カルシウムの混合物を加熱すると
アンモニアが発生する」という文面をただ暗記しているだけだと，
上の記述は「水酸化カルシウム」ではなく，
「水酸化ナトリウム」になっているので誤文であると判断してしまいますよね。

しかし，この記述は正文になります。

なぜならこの反応も，アンモニアの塩に強塩基を作用させ，

NH_4^+にOH^-を与えることでNH_3が発生する仕組みになっているからです。

つまり，アンモニアの塩に作用させる物質は，

強塩基ならば何でもいいのです。

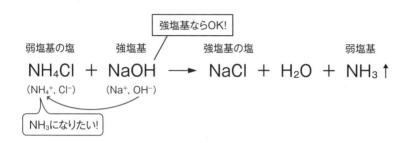

勘のいい人はすでに気づいているかもしれませんが，アンモニアの塩を
構成する陰イオンの種類（上の例では，Cl^-）も何でもOKです。
つまり，塩化アンモニウムNH_4Clにこだわる必要はなく，
硫酸アンモニウム（$(NH_4)_2SO_4$）や硝酸アンモニウムNH_4NO_3に
強塩基を作用させたとしても，NH_3が発生します。

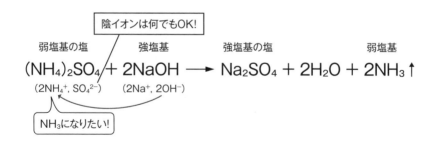

このように，気体が発生する反応の仕組みを
理解して覚えておくことが大切です！
同様に，**弱酸の遊離反応**を利用した気体の製法に関して考えてみましょう。

❶ 二酸化炭素 CO_2

➡ 炭酸カルシウムに希塩酸を加える

この反応は，<u>塩酸が強酸，炭酸が弱酸であることを利用した</u>
<u>弱酸の遊離反応</u>です。

遊離した炭酸分子はすぐに分解してしまうため，

二酸化炭素が発生します（$H_2CO_3 \rightarrow H_2O + CO_2$）。

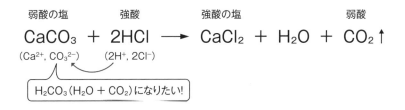

❷ 硫化水素 H_2S

➡ 硫化鉄(II)に希硫酸を加える

この反応は，<u>硫酸が強酸，硫化水素が弱酸であることを利用した</u>
<u>弱酸の遊離反応</u>です。

❸ 二酸化硫黄 SO_2

➡ 亜硫酸ナトリウムに希硫酸を加える

この反応は，<u>硫酸が強酸，亜硫酸が弱酸であることを利用した</u>
<u>弱酸の遊離反応</u>です。

先ほどの炭酸分子と同様に，遊離した亜硫酸分子は

すぐに分解してしまうため，
二酸化硫黄が発生します（$H_2SO_3 \rightarrow H_2O + SO_2$）。

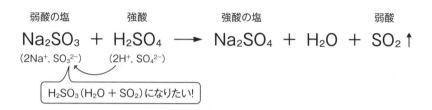

弱酸の塩 　　　 強酸 　　　　　　 強酸の塩 　　　　 弱酸

$$Na_2SO_3 + H_2SO_4 \longrightarrow Na_2SO_4 + H_2O + SO_2 \uparrow$$

$(2Na^+, SO_3^{2-})$ 　$(2H^+, SO_4^{2-})$

$H_2SO_3 (H_2O + SO_2)$ になりたい！

❺ フッ化水素 HF

➡ **フッ化カルシウム（蛍石）に濃硫酸を加えて加熱する**

この反応は，硫酸が強酸，フッ化水素が弱酸であることを利用した
弱酸の遊離反応です。

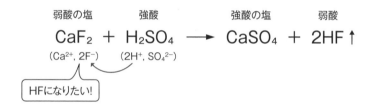

弱酸の塩 　　　 強酸 　　　　　　 強酸の塩 　　　 弱酸

$$CaF_2 + H_2SO_4 \longrightarrow CaSO_4 + 2HF \uparrow$$

$(Ca^{2+}, 2F^-)$ 　$(2H^+, SO_4^{2-})$

HFになりたい！

❻ 塩化水素 HCl

➡ **塩化ナトリウムに濃硫酸を加えて加熱する**

この反応では，少しややこしい話が出てきます。
"塩化水素 HCl" も "硫酸 H_2SO_4" も強酸ですが，この反応を理解するには，
「どちらの方がより強い酸なのか？」を考える必要があります。
H_2SO_4 は 2 価の酸であり，次のように二段階で電離します。

$$H_2SO_4 \longrightarrow H^+ + HSO_4^-$$ （電離度はほぼ1）

$$HSO_4^- \rightleftharpoons H^+ + SO_4^{2-}$$ （電離度は1より小さい）

このとき，第一段階目の電離度はほぼ1ですが，

第二段階目の電離度はそこまで大きくないんです。

そして，HClの電離度は，

H$_2$SO$_4$の第一段階目の電離度よりは小さく，

第二段階目の電離度よりは大きい値です。

つまり，HClはH$_2$SO$_4$よりは弱い酸で，

HSO$_4^-$よりは強い酸ということになります。

$$H_2SO_4 \longrightarrow H^+ + HSO_4^- \qquad \text{大}$$
$$HCl \rightleftharpoons H^+ + Cl^- \qquad 電離度$$
$$HSO_4^- \rightleftharpoons H^+ + SO_4^{2-} \qquad \text{小}$$

よって，H$_2$SO$_4$はCl$^-$にH$^+$を渡すことができますが，

HSO$_4^-$はCl$^-$にH$^+$を渡すことはできません。

$$Cl^- \quad \overset{H^+}{\underset{H^+}{\diagup}} \quad \begin{array}{l} H_2SO_4 \prec \boxed{\text{HClより強い酸}} \\ HSO_4^- \prec \boxed{\text{HClより弱い酸}} \end{array}$$

そのため，塩化ナトリウムに濃硫酸を作用させると，

次のように，HClが遊離してNaHSO$_4$が生成することになります。

$$NaCl + H_2SO_4 \longrightarrow NaHSO_4 + HCl \uparrow$$

$$(Na^+, Cl^-) \quad\quad (H^+, HSO_4^-)$$

| H_2SO_4はCl^-にH^+を渡す! | | HSO_4^-はCl^-にH^+を渡せない! |

次のような反応は起こらないので注意しましょう！

$$2NaCl + H_2SO_4 \not\longrightarrow Na_2SO_4 + 2HCl \uparrow \text{ NG}$$

$$(2Na^+, 2Cl^-) \quad\quad (2H^+, SO_4^{2-})$$

さて，気づいた人もいるかもしれませんが，
フッ化水素HFと塩化水素HClの製法では，
「希硫酸」ではなくて「濃硫酸」を用いています。
（これらの違いを忘れてしまった人は，
p.103やp.107に戻って確認してみてくださいね）
HFとHClは極めて水に溶けやすいため，
水を多く含む希硫酸を用いてしまうと，
生成したHFやHClがすべて水に溶けてしまい「発生」しません。
よって，水をほとんど含まない濃硫酸を用いています。
また，HFとHClは揮発性の酸であり，濃硫酸は不揮発性の酸であることから，
これらの反応は，**揮発性酸の遊離反応**（p.104）でもあります。

2 金属の溶解

ここでは，p.53であつかった「金属と酸の反応」を利用した
気体の製法について考えていきます。
金属のイオン化傾向の大きさが重要になるので，
イオン化列を確認しておきましょう！

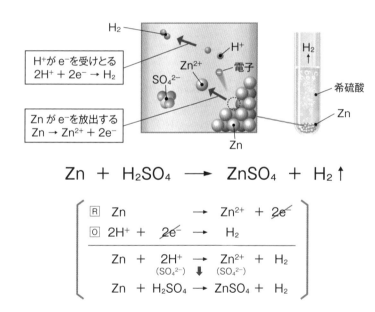

$$\overset{\text{大}}{\text{Li} \quad \text{K} \quad \text{Ca} \quad \text{Na} \quad \text{Mg} \quad \text{Al} \quad \text{Zn} \quad \text{Fe} \quad \text{Ni} \quad \text{Sn} \quad \text{Pb}}$$

リッチに 貸そう か な まぁ あ て に すん な

$$\overset{\text{小}}{(\text{H}_2) \quad \text{Cu} \quad \text{Hg} \quad \text{Ag} \quad \text{Pt} \quad \text{Au}}$$

ひ ど すぎる 借 金

ⓐ 水素 H_2

➡ 亜鉛を希硫酸に加える

p.54 で学習したように,

イオン化傾向が H_2 よりも大きい金属を酸に溶かすと, H_2 が発生します。

H_2

H_2

H^+

H^+ が e^- を受けとる
$2H^+ + 2e^- \rightarrow H_2$

Zn^{2+}

電子

SO_4^{2-}

Zn が e^- を放出する
$Zn \rightarrow Zn^{2+} + 2e^-$

Zn

希硫酸

Zn

$$Zn + H_2SO_4 \longrightarrow ZnSO_4 + H_2 \uparrow$$

$$
\begin{cases}
\boxed{\text{R}} & Zn & \longrightarrow & Zn^{2+} + 2e^- \\
\boxed{\text{O}} & 2H^+ + 2e^- & \longrightarrow & H_2 \\
\hline
& Zn + 2H^+ & \longrightarrow & Zn^{2+} + H_2 \\
& \quad (SO_4^{2-}) \quad \downarrow \quad (SO_4^{2-}) & & \\
& Zn + H_2SO_4 & \longrightarrow & ZnSO_4 + H_2 \\
\end{cases}
$$

この反応でも,

「**亜鉛を希硫酸に加えると水素が発生する**」という文面を

ただ暗記するのではなく,「亜鉛」の部分は

H_2 よりイオン化傾向が大きい金属であればどの金属でもよく,

165

「希硫酸」の部分は「塩酸」などに変えてもOKだと理解しておいてくださいね！

❸ 二酸化窒素 NO_2

➡ **銅を濃硝酸に加える**

この反応はp.55で説明したものです。

CuはH_2よりもイオン化傾向が小さいため，塩酸や希硫酸には溶けませんが，
酸化剤としてはたらく濃硝酸には溶けます。

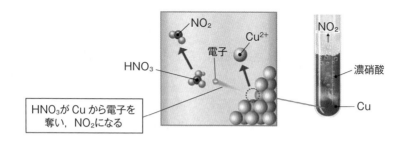

$$Cu + 4HNO_3 \longrightarrow Cu(NO_3)_2 + 2H_2O + 2NO_2 \uparrow$$

$$
\begin{array}{ll}
\boxed{\text{O}}\ HNO_3 + H^+ + e^- \longrightarrow & NO_2 + H_2O \ (\times 2) \\
\boxed{\text{R}}\ Cu \longrightarrow & Cu^{2+} + 2e^- \\
\hline
Cu + 2HNO_3 + 2H^+ \longrightarrow & Cu^{2+} + 2H_2O + 2NO_2 \\
\quad\ \ (2NO_3^-) \Downarrow & (2NO_3^-) \\
Cu + 4HNO_3 \longrightarrow & Cu(NO_3)_2 + 2H_2O + 2NO_2
\end{array}
$$

なお，イオン化傾向が極めて小さい白金Ptや金Auは濃硝酸に溶けませんが，
銀AgはCuと同様に濃硝酸に溶けてNO_2を発生します。

❹ 一酸化窒素 NO

➡ **銅を希硝酸に加える**

p.56でも説明しましたが，濃硝酸と同様に，
希硝酸も酸化剤としてはたらく酸です。
希硝酸中のHNO_3はe^-を受けとると，一酸化窒素NOになります。

この仕組を利用してNOを発生させることになります。

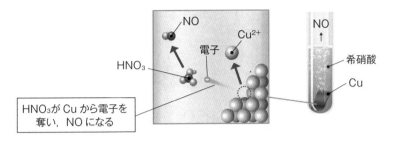

NO

Cu²⁺

電子

HNO₃

HNO₃が Cu から電子を
奪い，NO になる

NO
↑

希硝酸

Cu

$$3Cu + 8HNO_3 \longrightarrow 3Cu(NO_3)_2 + 4H_2O + 2NO\uparrow$$

$$
\begin{array}{ll}
\boxed{O}\ HNO_3 + 3H^+ + 3e^- \longrightarrow & NO + 2H_2O\ (\times 2) \\
\boxed{R}\ Cu \longrightarrow & Cu^{2+} + 2e^-\ (\times 3) \\
\hline
3Cu + 2HNO_3 + 6H^+ \longrightarrow & 3Cu^{2+} + 4H_2O + 2NO \\
\quad\quad\quad (6NO_3^-)\ \downarrow & (6NO_3^-) \\
3Cu + 8HNO_3 \longrightarrow & 3Cu(NO_3)_2 + 4H_2O + 2NO
\end{array}
$$

先ほどと同様に，Agも希硝酸に溶けてNOを発生します。

ⓓ 二酸化硫黄 SO_2

➡ 銅を濃硫酸に加えて加熱する

p.56で学習したように，

熱濃硫酸（加熱した濃硫酸）も酸化剤としてはたらく酸です。

熱濃硫酸中の H_2SO_4 は e^- を受けとると，二酸化硫黄 SO_2 になります。

この仕組を利用して SO_2 を発生させることになります。

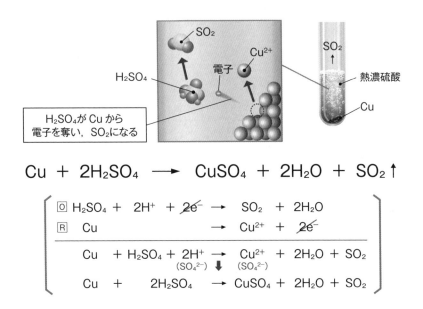

$$Cu \ + \ 2H_2SO_4 \ \longrightarrow \ CuSO_4 \ + \ 2H_2O \ + \ SO_2 \uparrow$$

$$\boxed{O} \ H_2SO_4 \ + \ 2H^+ \ + \ 2e^- \ \longrightarrow \ SO_2 \ + \ 2H_2O$$
$$\boxed{R} \ Cu \ \longrightarrow \ Cu^{2+} \ + \ 2e^-$$

$$Cu \ + H_2SO_4 + 2H^+ \longrightarrow \ Cu^{2+} \ + \ 2H_2O + SO_2$$
$$\qquad\qquad (SO_4{}^{2-}) \downarrow \qquad (SO_4{}^{2-})$$
$$Cu \ + \ 2H_2SO_4 \longrightarrow CuSO_4 + 2H_2O + SO_2$$

なお，Agも同様に熱濃硫酸に溶けてSO_2を発生します。

3 そのまま覚えてしまう反応

1 弱酸・弱塩基の遊離反応，**2** 金属の溶解では，
反応が起こる仕組みを詳しく説明してきましたが，
ここであつかうものに関しては，そのまま覚えてしまいましょう！

Ⓐ 二酸化炭素 CO₂
➡ 炭酸水素ナトリウム◆を加熱する

$$2NaHCO_3 \ \longrightarrow \ Na_2CO_3 \ + \ H_2O \ + \ CO_2 \uparrow$$

Ⓑ 塩素 Cl₂
➡ 酸化マンガン(Ⅳ)に濃塩酸を加えて加熱する
（この反応は，p.79で学習しましたね！）

◆ 炭酸水素ナトリウムは「重曹」とも呼ばれ，ベーキングパウダー（ふくらし粉）の主成分である。

$$MnO_2 \ + \ 4HCl \ \longrightarrow \ MnCl_2 \ + \ 2H_2O \ + \ Cl_2 \uparrow$$

➡ 高度さらし粉に塩酸を加える[◆]

$$Ca(ClO)_2 \cdot 2H_2O \ + \ 4HCl$$
$$\longrightarrow \ CaCl_2 \ + \ 4H_2O \ + \ 2Cl_2 \uparrow$$

ⓒ 一酸化炭素 CO

➡ ギ酸に濃硫酸（触媒）を加えて加熱する

（この反応は，p.135で学習しましたね！）

$$HCOOH \ \overset{\text{濃硫酸}}{\longrightarrow} \ H_2O \ + \ CO \uparrow$$

ⓓ 窒素 N_2

➡ 亜硝酸アンモニウムを加熱する

$$NH_4NO_2 \ \longrightarrow \ 2H_2O \ + \ N_2 \uparrow$$

ⓔ 酸素 O_2

➡ 過酸化水素水に酸化マンガン(Ⅳ)（触媒）を加える

$$2H_2O_2 \ \overset{MnO_2}{\longrightarrow} \ 2H_2O \ + \ O_2 \uparrow$$

➡ 塩素酸カリウムに酸化マンガン(Ⅳ)（触媒）を加えて加熱する

$$2KClO_3 \ \overset{MnO_2}{\longrightarrow} \ 2KCl \ + \ 3O_2 \uparrow$$

ⓕ オゾン O_3

➡ 酸素に紫外線を当てる（または，酸素中で放電する）

$$3O_2 \ \longrightarrow \ 2O_3 \uparrow$$

◆ さらし粉 $CaCl(ClO) \cdot H_2O$ と塩酸の反応は次のとおりである。
　$CaCl(ClO) \cdot H_2O + 2HCl \rightarrow CaCl_2 + 2H_2O + Cl_2 \uparrow$

4 気体の発生装置

気体を発生させるときに用いる装置を考える際には，
まず，加熱が必要な反応かどうかが大切になります。
次のように覚えておいてください！

「固体のみの反応」と「濃硫酸を用いる反応」
では，加熱が必要！

あとは，固体どうしの反応か，固体と液体の反応かで，
装置を選択することになります。

Ⓐ 加熱が必要な反応の装置

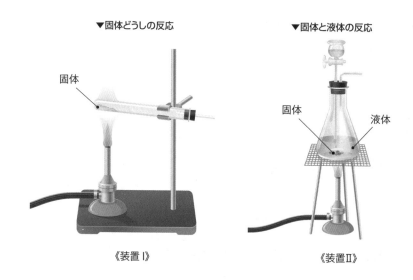

▼固体どうしの反応
固体
《装置I》

▼固体と液体の反応
固体　　液体
《装置II》

◆《装置I》の反応例
➡ 塩化アンモニウム（固体）と水酸化カルシウム（固体）の混合物を
　加熱するとアンモニアが発生する

$$2NH_4Cl \ + \ Ca(OH)_2$$
$$\longrightarrow \ CaCl_2 \ + \ 2H_2O \ + \ 2NH_3\uparrow$$

◆《装置Ⅱ》の反応例

➡ 銅（固体）に濃硫酸（液体）を加えて加熱すると二酸化硫黄が発生する

$$Cu \ + \ 2H_2SO_4 \ \longrightarrow \ CuSO_4 \ + \ 2H_2O \ + \ SO_2\uparrow$$

❸ 加熱が不要な反応の装置

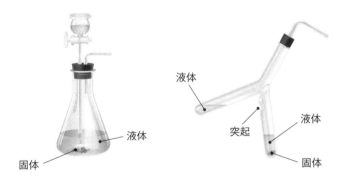

液体

突起

液体

固体

液体

固体

これらの装置は基本的にどちらを用いても OK です。

◆反応例

➡ 硫化鉄(Ⅱ)（固体）に希硫酸（液体）を加えると硫化水素が発生する

$$FeS \ + \ H_2SO_4 \ \longrightarrow \ FeSO_4 \ + \ H_2S\uparrow$$

なお，二股試験管（上図の右側）を用いるときは，
突起がついた方に固体，もう一方に液体を入れ，
試験管を傾けて，突起がついた方へ液体を流し込みます。
そして，反応を止めたいときは，
逆向きに試験管を傾けて固体を突起の部分で止め，
液体だけをもとに戻すのです。

POINT

◆ 気体の製法と性質

気体	水への溶解	色	毒性	におい	水溶液の液性
NH_3	◎	無色	有毒	刺激臭	弱塩基性
HCl	◎	無色	有毒	刺激臭	強酸性
Cl_2	○	黄緑色	有毒	刺激臭	強酸性
NO_2	◎	赤褐色	有毒	刺激臭	強酸性
HF	◎	無色	有毒	刺激臭	弱酸性
SO_2	◎	無色	有毒	刺激臭	弱酸性
H_2S	○	無色	有毒	腐卵臭	弱酸性
CO_2	○	無色	無毒	無臭	弱酸性
H_2	×	無色	無毒	無臭	—
O_2	×	無色	無毒	無臭	—
N_2	×	無色	無毒	無臭	—
NO	×	無色	—	—	—
CO	×	無色	有毒	無臭	—
O_3	×	淡青色	有毒	特異臭	—

捕集法	製法
上方置換	$2NH_4Cl + Ca(OH)_2 \xrightarrow{\blacktriangle} CaCl_2 + 2H_2O + 2NH_3$
下方置換	$NaCl + H_2SO_4 \xrightarrow{\blacktriangle} NaHSO_4 + HCl$ （濃）
下方置換	$MnO_2 + 4HCl \xrightarrow{\blacktriangle} MnCl_2 + 2H_2O + Cl_2$ $Ca(ClO)_2 \cdot 2H_2O + 4HCl \rightarrow CaCl_2 + 4H_2O + 2Cl_2$ 高度さらし粉
下方置換	$Cu + 4HNO_3 \rightarrow Cu(NO_3)_2 + 2H_2O + 2NO_2$ （濃）
下方置換	$CaF_2 + H_2SO_4 \xrightarrow{\blacktriangle} CaSO_4 + 2HF$ 蛍石　　（濃）
下方置換	$Na_2SO_3 + H_2SO_4 \rightarrow Na_2SO_4 + H_2O + SO_2$ 亜硫酸ナトリウム　（希） $Cu + 2H_2SO_4 \xrightarrow{\blacktriangle} CuSO_4 + 2H_2O + SO_2$ （濃）
下方置換	$FeS + H_2SO_4 \rightarrow FeSO_4 + H_2S$ （希）
下方置換	$CaCO_3 + 2HCl \rightarrow CaCl_2 + H_2O + CO_2$ $2NaHCO_3 \xrightarrow{\blacktriangle} Na_2CO_3 + H_2O + CO_2$
水上置換	$Zn + H_2SO_4 \rightarrow ZnSO_4 + H_2$
水上置換	$2H_2O_2 \xrightarrow{MnO_2} 2H_2O + O_2$ $2KClO_3 \xrightarrow[\blacktriangle]{MnO_2} 2KCl + 3O_2$ 塩素酸カリウム
水上置換	$NH_4NO_2 \xrightarrow{\blacktriangle} 2H_2O + N_2$ 亜硝酸アンモニウム
水上置換	$3Cu + 8HNO_3 \rightarrow 3Cu(NO_3)_2 + 4H_2O + 2NO$ （希）
水上置換	$HCOOH \xrightarrow[\blacktriangle]{濃硫酸} H_2O + CO$ ギ酸
—	$3O_2 \rightarrow 2O_3$

▲：加熱

Chapter 9　一問一答

1 気体の性質

☐☐☐　(1) 水に溶けて弱塩基性を示す気体の化学式を答えよ。

☐☐☐　(2) 腐卵臭がある気体の化学式を答えよ。

☐☐☐　(3) NH_3, Cl_2, CO について，それぞれ水上置換，下方置換，上方置換のうちどの方法で捕集するか答えよ。

☐☐☐　(4) 花の色を漂白する作用をもつ気体の化学式を2つ答えよ。

☐☐☐　(5) NH_3 の乾燥剤に濃硫酸を用いることはできるか。理由とともに答えよ。

☐☐☐　(6) CO_2 の乾燥剤に塩化カルシウムを用いることはできるか。理由とともに答えよ。

☐☐☐　(7) 気体Aは，濃塩酸に触れると白煙を生じる。気体Aの化学式を答えよ。

☐☐☐　(8) 気体Bは，空気に触れると赤褐色になる。気体Bの化学式を答えよ。

☐☐☐　(9) 湿ったヨウ化カリウムデンプン紙に塩素を触れさせると，どのような変化が見られるか。また，その理由を簡潔に答えよ。

☐☐☐　(10) 有色の気体を3つあげ，それぞれの化学式と色を答えよ。

2 気体の製法

☐☐☐　(1) 塩化アンモニウムと水酸化ナトリウムの混合物を加熱したときに発生する気体の化学式を答えよ。

☐☐☐　(2) 炭酸カルシウムに希塩酸を加えたときに発生する気体の化学式を答えよ。

☐☐☐　(3) 亜硫酸ナトリウムに希硫酸を加えたときに発生する気体の化学式を答えよ。

☐☐☐　(4) フッ化カルシウム（蛍石）に濃硫酸を加えて加熱したときに発生する気体の化学式を答えよ。

☐☐☐　(5) 塩化ナトリウムに濃硫酸を加えて加熱したときに発生する気体の化学式を答えよ。

☐☐☐　(6) 銅を濃硝酸に溶かしたときに発生する気体の化学式を答えよ。

☐☐☐　(7) 銅を希硝酸に溶かしたときに発生する気体の化学式を答えよ。

☐☐☐　(8) ギ酸に濃硫酸を加えて加熱したときに発生する気体の化学式を答えよ。

☐☐☐　(9) 塩素酸カリウムと酸化マンガン(Ⅳ)の混合物を加熱したときに発生する気体の化学式を答えよ。

☐☐☐　(10) 硫化鉄(Ⅱ)に希硫酸を加えたときに発生する気体の化学式を答えよ。

解 答

1 気体の性質

(1) NH_3

▶ p.148

(2) H_2S ▶ p.149

(3) NH_3……上方置換，Cl_2……下方置換，CO……水上置換 ▶ p.150
▶ p.152

(4) Cl_2, SO_2 ▶ p.153

(5) NH_3は濃硫酸と中和反応してしまうため，用いることはできない。 ▶ p.155

(6) CO_2は塩化カルシウムと反応しないため，用いることができる。 ▶ p.155

(7) NH_3 ▶ p.156

(8) NO ▶ p.157

(9) 変化……ヨウ化カリウムデンプン紙が青紫色になる。
理由……塩素がヨウ化物イオンを酸化することでヨウ素が生じ，ヨウ素デンプン反応が起こるから。 ▶ p.157

(10) Cl_2……黄緑色，O_3……淡青色，NO_2……赤褐色（F_2……淡黄色 も可） ▶ p.172
▶ p.173

2 気体の製法

(1) NH_3 ▶ p.159

(2) CO_2 ▶ p.161

(3) SO_2 ▶ p.161

(4) HF ▶ p.162

(5) HCl ▶ p.162

(6) NO_2 ▶ p.166

(7) NO ▶ p.166

(8) CO ▶ p.169

(9) O_2 ▶ p.169

(10) H_2S ▶ p.171

Chapter 9

気体の性質と製法

▶次は確認テストにチャレンジ！　175

確認テスト

問1 　8種類の気体A〜Hについて，いくつかの性質を①から⑧に記した。A〜Hに当てはまる気体を下記から選び，それぞれ化学式で答えよ。

水素	酸素	窒素	塩素	塩化水素
フッ化水素	一酸化炭素	二酸化炭素	二酸化硫黄	一酸化窒素

① A，B，C，D，F，GおよびHは無色であるが，Eは有色である。

② A，BおよびHは無臭であるが，C，D，EおよびGは刺激臭を有する。

③ A，BおよびFは水に溶けにくいが，C，D，E，GおよびHは水に溶け，その水溶液は酸性を示す。

④ AとEを混合して光を当てると，爆発的に反応してCを生成する。

⑤ Bは，ギ酸に濃硫酸を加えて加熱すると発生する。

⑥ Dは還元作用を示し，花びらの色素を漂白する。

⑦ Fは空気中で速やかに酸化されて，赤褐色になる。

⑧ Hは石灰水を白濁させる。

問2 　次の文章を読み，下の問いに答えよ。

　実験室でアンモニアを発生させるため，下図のような装置を組み立てた。反応管には塩化アンモニウムと水酸化カルシウムの混合物を入れた。発生する気体を乾燥剤の詰まったガラス管に通して，捕集装置へと導いた。

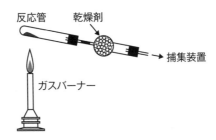

(1) この反応の化学反応式を答えよ。

(2) 上図の乾燥剤に用いるものとして適当なものを，次のうちから選び番号で答えよ。

　　① 濃硫酸　　② 十酸化四リン　　③ ソーダ石灰　　④ 塩化カルシウム

(3) アンモニアの捕集法として適当なものを，次のうちから選び番号で答えよ。

　　① 上方置換　　② 下方置換　　③ 水上置換

問1 与えられた気体のうち，有色のものは塩素 Cl_2（黄緑色）だけなので，①より，Eは Cl_2 ですね。

また，④から「Aと塩素の混合気体に光を当てると爆発的に反応する」とわかります。この反応は，p.74 で学習した次の反応です。

$$Cl_2 + H_2 \xrightarrow{\text{光}} 2HCl$$

よって，Aは水素 H_2，Cは塩化水素 HClとなります。

さらに⑤について，「ギ酸に濃硫酸を加えて加熱すると，一酸化炭素が発生する」ので，BはCO です。

⑥について，「二酸化硫黄は還元漂白作用をもつ」ので，Dは SO_2。

⑦について，「一酸化窒素は空気に触れると，酸化されて赤褐色になる」ので，Fは NO。

⑧について，「二酸化炭素は石灰水に通じると白く濁る」ので，Hは CO_2 です。

さて，Gについては具体的なヒントが少ないですが，残りの選択肢は，酸素 O_2，窒素 N_2，フッ化水素 HFです。ここで，O_2，N_2 は無臭，HFは刺激臭なので，②より，GはHFに決まります。

なお，O_2，N_2 は水に溶けにくく，HFは水に溶けて酸性を示すので，③より，GはHFと決めてもOKです。

答 A：H_2　B：**CO**　C：**HCl**　D：SO_2　E：Cl_2　F：**NO**　G：**HF**　H：CO_2

問2 (1) この反応は，「弱塩基の遊離反応」を利用したものです。つまり，弱塩基であるアンモニアの塩に，強塩基である水酸化カルシウムを作用させて，アンモニアを発生させているのです。

答 $2NH_4Cl + Ca(OH)_2 \rightarrow CaCl_2 + 2H_2O + 2NH_3$
弱塩基の塩　　強塩基　　強塩基の塩　　　　弱塩基

(2) 気体の乾燥剤には，「**気体と乾燥剤が反応しないもの**」を選ぶ必要があります。ここで，濃硫酸と十酸化四リンは共に酸性乾燥剤であり，塩基性気体であるアンモニアと中和反応してしまうため，使えません。また，塩化カルシウムは中性乾燥剤ですが，アンモニアと反応してしまうため，使えません（p.155）。ソーダ石灰は，塩基性乾燥剤であり，アンモニアと反応することはないので，これを用いることになります。　**答** ③

(3) 気体の捕集法は，「**気体が水に溶けるかどうか**」が大切になります。水に溶けにくい気体であれば水上置換で捕集しますが，アンモニアは水に溶けるので，上方置換か下方置換で捕集します。さらに，アンモニアは空気よりも軽いので上方置換で捕集することになります。なお，大学入試で出てくる気体のうち，**上方置換で捕集する気体はアンモニアだけ**なので覚えておきましょう！　**答** ①

Check Point

入試でよく問われる要点を整理しよう!!

Chapter 4　水素と貴(希)ガス

☐☐☐　1. 実験室で水素を発生させるときの捕集方法は？　▶p.65

☐☐☐　2. 貴(希)ガスがほかの原子と化学結合をつくりにくい理由は？　▶p.66

☐☐☐　3. ヘリウムの特徴と利用例を言ってみて！　▶p.67

☐☐☐　4. 空気中に三番目に多く含まれる気体は？　▶p.67

Chapter 5　17族元素(ハロゲン)

☐☐☐　5. ハロゲンの単体を，酸化力が強い順に並べてみて！　▶p.72

☐☐☐　6. 塩化カリウム水溶液とヨウ化カリウム水溶液のうち，臭素を加えると反応するのはどっち？　▶p.72

☐☐☐　7. ハロゲン化水素のうち，沸点が最も高いのはどれ？　理由も答えてみて！　▶p.82

☐☐☐　8. ハロゲン化水素を弱酸と強酸に分類し，水溶液の酸性が弱い順に並べてみて！　▶p.84

☐☐☐　9. ハロゲン化銀を，水に溶けやすいものと溶けにくいものに分類してみて！　▶p.86

☐☐☐　10. ハロゲン化銀は○○性をもつため，光を照射すると化学変化が起こる。○○に入る言葉は？　▶p.87

Chapter 6　16族元素

☐☐☐　11. 一般に，非金属元素の酸化物は，酸性酸化物？　塩基性酸化物？　▶p.96

☐☐☐　12. 硫酸を製造する際の接触法で，二酸化硫黄を酸化して三酸化硫黄とするときに用いられる触媒は何？　▶p.101

☐☐☐　13. 濃硫酸を希釈して希硫酸をつくるときは，必ず水に濃硫酸を少しずつ注がなければならない。その理由は？　▶p.108

Chapter 7　15族元素

☐☐☐ 14. アンモニアの工業的製法を何という？　また，この反応で使われる触媒は何？ ▶ p.116

☐☐☐ 15. 一酸化窒素と二酸化窒素について，下の表を埋めてみて！ ▶ p.118

	色	水への溶解性	主な反応	実験室的製法
一酸化窒素（NO）	＿＿＿＿＿	＿＿＿＿＿	O_2 と反応して＿＿＿＿になる	＿＿＿を＿＿＿に加える
二酸化窒素（NO_2）	＿＿＿＿＿	＿＿＿＿＿	H_2O と反応して＿＿＿を生じる	＿＿＿を＿＿＿に加える

☐☐☐ 16. 硝酸はどのように保存する？　理由も答えてみて！ ▶ p.120

☐☐☐ 17. 硝酸の工業的製法を何という？　また，最初の過程で使われる触媒は何？ ▶ p.121

☐☐☐ 18. 17. の製法の全体の反応式を書いてみて！ ▶ p.122

☐☐☐ 19. 赤リンと黄リンのうち，毒性をもち，自然発火するのはどっち？ ▶ p.124

☐☐☐ 20. 十酸化四リンはどんな作用をもつ？ ▶ p.125

Chapter 8　14族元素

☐☐☐ 21. 一酸化炭素の実験室的製法を答えてみて！ ▶ p.135

☐☐☐ 22. 石灰水に二酸化炭素を吹き込むと白色沈殿が生じ，さらに吹き込み続けると濁りが消えて無色透明の水溶液になる。この2段階の反応の化学反応式をそれぞれ書いてみて！ ▶ p.136

☐☐☐ 23. ケイ素は，地殻中で何番目に多く含まれる元素？ ▶ p.138

☐☐☐ 24. ケイ酸ナトリウムに水を加えて加熱することで得られる，粘性をもった液体を何という？ ▶ p.141

Chapter 9　気体の性質と製法

☐☐☐ 25. Chapter 9 に登場した気体のうち，水に溶けて強酸性を示す気体を3つ答えてみて！ ▶ p.148

☐☐☐ 26. 気体の乾燥剤を選ぶとき，どのような乾燥剤だと NG ？ ▶ p.154

☐☐☐ 27. 一酸化窒素は空気に触れると何色になる？ ▶ p.157

☐☐☐ 28. 塩化ナトリウムに濃硫酸を加えて加熱することで発生する気体は何？ ▶ p.162

☐☐☐ 29. 実験室で水素を発生させるには，どのような反応を起こせばいいか説明してみて！ ▶ p.165

Column

「気体の製法」の覚え方

非金属元素の分野で，特に苦手とする受験生が多いのが「気体の製法」です。受験生からは「覚えなくてはいけない製法が多い……。」，「化学反応式をスラスラ書けない……。」といった声が聞こえてきます。

ただ，非金属元素の分野では，この「気体の製法」が最も重要なテーマといっても過言ではありません！

そこで，次のような学習方法をおすすめします。

まず，単語帳の表面に「反応物や触媒」，

裏面に「発生する気体の名称・化学式」を書き，

表面を見ただけで，瞬時に裏面の内容を答えられるように練習します。

このとき，表面には，気体が発生する際の反応が「**1** 弱酸・弱塩基の遊離反応」，「**2** 金属の溶解」，「**3** そのまま覚える反応」のうち，どれに分類されるかも書き込むようにしましょう。

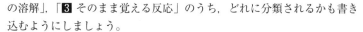

例えば，アンモニア NH_3 の製法であれば，表面に

「塩化アンモニウムと水酸化カルシウムの混合物を加熱する」

「**1** 弱酸・弱塩基の遊離反応」

と書き込みます。

すると「これは"**1** 弱酸・弱塩基の遊離反応"だから，水酸化カルシウムの代わりに別の強塩基を用いたり，塩化アンモニウムの代わりに別のアンモニウム塩を用いたりすることもできる！」などと，反応の仕組みも意識することができますね。

もちろん，最終的には化学反応式もスラスラ書けるようにすることが望ましいですが，大学入試では，「発生する気体がわかればOK」という問題も多く出題されます。そのため，**まずは「反応物や触媒」を見ただけで，瞬時に「発生する気体の名称・化学式」を答えられるように練習しましょう！**

Part

3

金属元素

Chapter 10 アルカリ金属

さて，いよいよ「無機化学」も後半戦です。
ここからは，「金属元素」をあつかっていきます！

周期表の1族元素のうち，唯一の非金属元素である水素Hを除く，残りの金属元素をまとめて**アルカリ金属**といいます。

まずは，アルカリ金属の単体や化合物について学習していきます！

周期	1	2	...	12	13	14	15	16	17	18
1	H									He
2	Li	Be			B	C	N	O	F	Ne
3	Na	Mg			Al	Si	P	S	Cl	Ar
4	K		Ca	... Zn	Ga	Ge	As	Se	Br	Kr
5	Rb		Sr	... Cd	In	Sn	Sb	Te	I	Xe
6	Cs		Ba	... Hg	Tl	Pb	Bi	Po	At	Rn
7	Fr		Ra	... Cn						

10-1 アルカリ金属の単体

1 製法

アルカリ金属（Li，Na，Kなど）の単体は，
これらのイオンを含む物質を電気分解することによって得ることができます。
「電気分解……？」と思った人も多いと思います。
少し「理論化学」の復習をしておきましょう！

理論化学の 復習

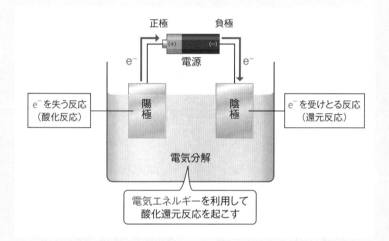
それでは，電気分解によって

アルカリ金属の単体を得ることを考えていきます。

例えば，電気分解によって

ナトリウムイオン Na^+ を単体のナトリウム Na にするには，

次のような反応が陰極で起こればOKです。

$$Na^+ + e^- \rightarrow Na$$

ただし，このときに気をつけなければならないのが，
Na^+を含む水溶液を電気分解してもこの反応は起こらないということです。
詳しく説明しますね。
水溶液中にはH_2Oが存在しているわけですが，
H_2Oはごくわずかに電離してH^+とOH^-を生じています。
NaはH_2よりもイオン化傾向が大きく，イオンのままでいたいため，
Na^+を含む水溶液を電気分解すると，
陰極ではH_2Oから生じたH^+が電子を受けとる反応が起こり，
H_2が発生してしまうため，Naの単体は生成しないのです。

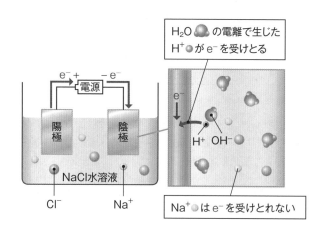

そこで，Naの単体を得るには，
ナトリウムを含む化合物の融解液◆**を電気分解する**ことになります。
このような電気分解を**溶融塩電解**（融解塩電解）といいます。
融解液であれば，H_2Oは存在しないので，
Na^+が電子を受けとることができます。

◆　物質を水に溶かしたものでなく，加熱して融解させたもの。

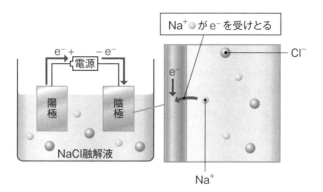

2 単体の性質

アルカリ金属の単体は，ほかの金属と比べて，

<u>密度が小さく，軟らかく，融点が低いといった特徴をもちます。</u>

これらの金属は，ナイフでサクッと切れてしまいます。

また，非常に反応性が大きく，空気中で速やかに酸化されてしまいます。

$$4Na + O_2 \longrightarrow 2Na_2O$$

そのため，

アルカリ金属の単体は
灯油もしくは石油中で保存する！

と覚えておいてください。

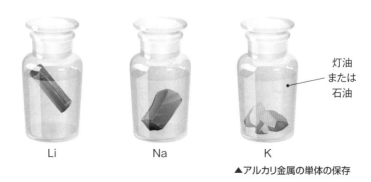

Li　　　　　Na　　　　　K

▲アルカリ金属の単体の保存

また，アルカリ金属はイオン化傾向が大きいため，
単体は水と激しく反応し，水素H₂を発生します。
この内容はp.52でもあつかいましたね。
<u>湿らせたろ紙に金属の単体を乗せるだけで激しく反応し，</u>
NaやKの場合は炎を上げながら反応します。

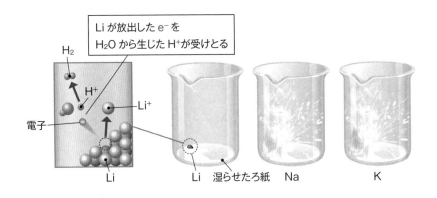

また，アルカリ金属の単体や化合物は，それぞれ固有の炎色反応を示します。
アルカリ金属以外の元素も含め，次の炎色反応の色を覚えておいてください！

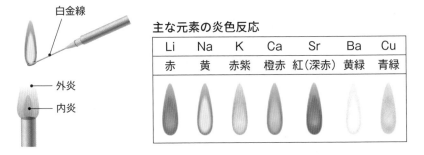

主な元素の炎色反応

Li	Na	K	Ca	Sr	Ba	Cu
赤	黄	赤紫	橙赤	紅(深赤)	黄緑	青緑

Li 赤　　Na 黄　　K 赤紫
リアカー　　なき　　　K村

Cu 青緑　　Ca 橙赤　　　Sr 紅　　　Ba 黄緑
動力　　　借りると　　するもくれない　　馬力

10-2 アルカリ金属の化合物

1 水酸化ナトリウム

Ⓐ 性質

水酸化ナトリウム NaOH は白色の固体で, 空気中に放置すると水蒸気を吸収し,
やがて溶解して水溶液となってしまいます。
このような現象を**潮解**といいます。

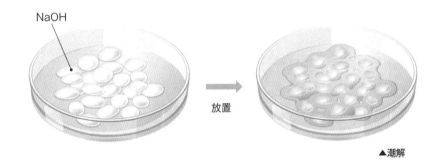

NaOH

放置

▲潮解

潮解性 ➡ 空気中の水蒸気を吸収して
水溶液となる性質

NaOH の水溶液は強い塩基性を示します。
NaOH が強塩基であることは, p.20 でも確認しましたね!
また, 空気中の二酸化炭素 CO_2（酸性酸化物）と次のように反応して,
炭酸ナトリウム Na_2CO_3 を生じます。

$$2NaOH + CO_2 \longrightarrow Na_2CO_3 + H_2O$$

このように，NaOHは空気中の成分と相互作用するため，
保存する際には容器を密栓する必要があります。
さらに，NaOHはガラスを徐々に侵すので，
プラスチック製の容器に保存します。
なお，NaOH水溶液を短期的に保存するときには，
ガラスびんを用いることもありますが，
すり合わせ式のガラス栓をしてしまうと，
空気中のCO_2と反応して，ガラス栓とびんの口との間にNa_2CO_3が生じ，
栓が抜けなくなってしまいます。
よって，**ゴム栓を使用します。**

❸ 製法

水酸化ナトリウムNaOHは，
塩化ナトリウムNaCl水溶液の電気分解で製造されます。
次ページの図を見ながら聞いてくださいね！
陽極側と陰極側を陽イオン交換膜で仕切り，
陽極側には「NaCl水溶液」を，陰極側には「水」を加えていきます。

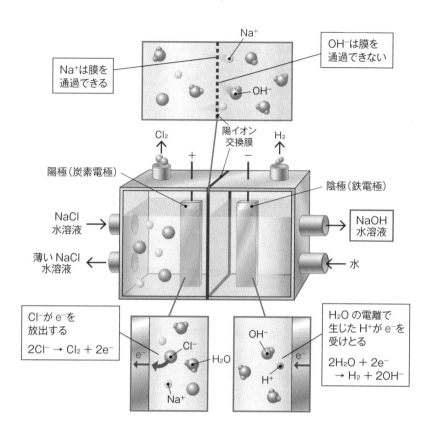

陰極（鉄電極）では，**水H_2Oから生じた水素イオンH^+が電子を受けとり，水素H_2が発生する反応（還元反応）**が起こります。

$$2H_2O + 2e^- \rightarrow H_2 + 2OH^-$$

一方，陽極（炭素電極）では，**塩化物イオンCl^-が電子を放出し，塩素Cl_2が発生する反応（酸化反応）**が起こります。

$$2Cl^- \rightarrow Cl_2 + 2e^-$$

ここで，陰極側と陽極側は

陽イオン交換膜（陽イオンだけを通過させる膜）で仕切られているため，

陰極側で生成した水酸化物イオンOH^-に引き寄せられるように，

陽極側からナトリウムイオンNa^+が移動してきます。

（OH^-は陽イオン交換膜を通過できません）

その結果，陰極側ではNa^+とOH^-の濃度が高くなり，

この水溶液を濃縮することで$NaOH$を得ることができます。

このとき，$NaOH$（塩基）は陽極で発生するCl_2（酸性気体）と

反応してしまうため，$NaOH$を「陰極側」で回収することが大切なんです！

この製造法を「イオン交換膜法」といいます。

2 炭酸ナトリウム

Ⓐ 性質

炭酸ナトリウムNa_2CO_3は白色の固体で，水に溶けやすい物質です。

なお，Na_2CO_3は弱酸（H_2CO_3）と強塩基（$NaOH$）の塩なので，

水溶液は塩基性を示します。

Na_2CO_3の飽和水溶液を濃縮すると，

炭酸ナトリウム十水和物$Na_2CO_3 \cdot 10H_2O$が析出します。

$Na_2CO_3 \cdot 10H_2O$の結晶を空気中に放置すると，水和水の一部を失い，

粉末状の炭酸ナトリウム一水和物$Na_2CO_3 \cdot H_2O$に変化します。

このような現象を**風解**といいます。

$Na_2CO_3 \cdot 10H_2O$　　放置　　$Na_2CO_3 \cdot H_2O$

風解性 ➡ 水和物を空気中に放置すると，
水和物から水が失われる性質

Ⓑ 製法

炭酸ナトリウム Na_2CO_3 は，

アンモニアソーダ法（ソルベー法） によって工業的に製造されます。

この方法は5つの反応からなるため，1つずつ確認していきましょう！

● 主反応 ● Na_2CO_3 をつくる！

まず，塩化ナトリウム $NaCl$ の飽和水溶液にアンモニア NH_3 を通じます。

続いて二酸化炭素 CO_2 を通じると，

比較的水への溶解度が小さい **炭酸水素ナトリウム $NaHCO_3$ の白色沈殿が**

得られます。

このとき，CO_2 はあまり水に溶けやすい気体ではないため，

(i) 塩基性気体の NH_3 を先に通じておくことで，

(ii) 中和反応が起こり

酸性気体の CO_2 が吸収されやすいようにしておきます。

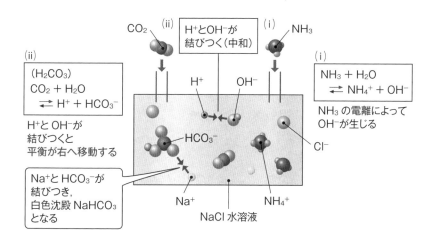

この反応をまとめた化学反応式は次のとおりです。

$$主反応① \quad NaCl + H_2O + NH_3 + CO_2$$
$$\longrightarrow NaHCO_3 + NH_4Cl$$

この反応式は頑張って覚えましょう！
続けて，得られた$NaHCO_3$を熱分解することで，Na_2CO_3とします。

$$主反応② \quad 2NaHCO_3$$
$$\longrightarrow Na_2CO_3 + H_2O + CO_2$$

副反応　NH_3を回収する！

Na_2CO_3の製造を続けるには，
主反応①と主反応②を継続的に行う必要があります。
そのためには$NaCl$，NH_3，CO_2を供給し続けなくてはいけませんが，
これらはどこから手に入れることになるのでしょうか？
特に，NH_3は製造（p.116）にもコストがかかってしまいます……。
そこで，主反応①の生成物である塩化アンモニウムNH_4Clから
NH_3を回収することで，NH_3を再利用するのです！

NH_3の回収のために必要になるのが炭酸カルシウム$CaCO_3$です。
具体的には，まず$CaCO_3$を熱分解することで，
酸化カルシウムCaOを得ます。

$$副反応③ \quad CaCO_3 \longrightarrow CaO + CO_2$$

さらに，CaOに水H_2Oを作用させて水酸化カルシウム$Ca(OH)_2$とします。

$$副反応④ \quad CaO + H_2O \longrightarrow Ca(OH)_2$$

Ca(OH)₂は強塩基なので，NH₄Clと反応させることで
弱塩基の遊離反応が起こり，NH₃を得ることができますね（p.31）！

$$副反応⑤ \quad 2NH_4Cl + Ca(OH)_2$$
$$\longrightarrow CaCl_2 + 2H_2O + 2NH_3$$

そして，**副反応⑤によって得られたNH₃を回収し，主反応①で再利用します！**
また，**主反応②と副反応③で得られたCO₂も回収し，**
主反応①で再利用されるため，全体の流れは下図のようになります！

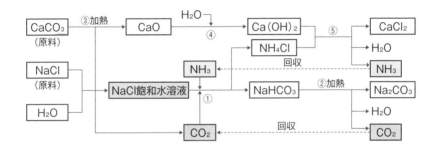

そして，これら5つの反応をまとめた全体の反応式は，次のようになります！

$$全体：2NaCl + CaCO_3 \longrightarrow Na_2CO_3 + CaCl_2$$

つまり，NH₃，CO₂，H₂Oなどはすべて回収されて次の反応に利用されており，
理論上，**NaClとCaCO₃を供給し続ければ，**
Na₂CO₃を継続的に得ることができるということです！
すばらしい製造法ですね！
僕は高校生の頃，アンモニアソーダ法を学習したとき，
5つの反応式をこんなにシンプルな1つの反応式にまとめられることに
感動し，それを今でも覚えています（笑）。
なお，**Na₂CO₃は主にガラスの原料**（p.281）として利用されています！

Chapter 10　一問一答

1 アルカリ金属の単体

□□□　⑴　アルカリ金属を原子番号の小さい順に3つ答えよ。

□□□　⑵　アルカリ金属の単体は，そのイオンを含む水溶液を電気分解しても得ることはできない。その理由を簡潔に答えよ。

□□□　⑶　アルカリ金属の単体はどのように保存するか。理由と共に簡潔に答えよ。

□□□　⑷　アルカリ金属の単体は水と激しく反応し，ある気体を発生する。この気体の化学式を答えよ。

2 アルカリ金属の化合物

□□□　⑴　水酸化ナトリウムの結晶は，空気中の水蒸気を吸収し，溶解する。このような現象を何というか答えよ。

□□□　⑵　水酸化ナトリウム水溶液をガラス瓶に保存する場合，ガラス栓ではなく，ゴム栓を用いる必要がある。その理由を簡潔に答えよ。

□□□　⑶　水酸化ナトリウムは，塩化ナトリウム水溶液の電気分解によって製造される。陽極と陰極それぞれに，炭素電極と鉄電極を用いたとき，各電極で起こる反応についてe^-を含むイオン反応式で答えよ。

□□□　⑷　⑶の製法では，陽イオン交換膜を用いることで，水酸化ナトリウムを陰極側で回収する。その理由を簡潔に答えよ。

□□□　⑸　炭酸ナトリウムの飽和水溶液を冷却すると，炭酸ナトリウムの水和物が析出する。この水和物の化学式を答えよ。

□□□　⑹　⑸の結晶を空気中で放置すると，一部の水和水が失われ，粉末状となる。このような現象を何というか答えよ。

□□□　⑺　炭酸ナトリウムの工業的製法を何というか答えよ。

□□□　⑻　⑺の製法の工程のうち，炭酸水素ナトリウムの熱分解の化学反応式を答えよ。

□□□　⑼　⑺の製法の工程のうち，塩化アンモニウムに水酸化カルシウムを作用させることでアンモニアが回収される反応の化学反応式を答えよ。

□□□　⑽　⑺の製法の全体の化学反応式を答えよ。

□□□　⑾　炭酸ナトリウムは，主にどのような用途に利用されているか答えよ。

解 答

■ アルカリ金属の単体

参考

(1) Li，Na，K

▶ p.182

(2) アルカリ金属はイオン化傾向が大きく，水溶液の電気分解では水が還元されてしまい，アルカリ金属イオンが電子を受けとらないから。

▶ p.184

(3) アルカリ金属の単体は空気中で速やかに酸化されるため，灯油または石油中で保存する。

▶ p.185

(4) H_2

▶ p.186

■ アルカリ金属の化合物

(1) 潮解

▶ p.187

(2) 水酸化ナトリウムは，徐々にガラスを侵す性質をもち，栓が抜けなくなってしまうから。また，空気中の二酸化炭素と反応し，ガラス栓と瓶の口との間に炭酸ナトリウムを生じてしまうから。

▶ p.187
▶ p.188

(3) 陽極……$2Cl^- \longrightarrow Cl_2 + 2e^-$
陰極……$2H_2O + 2e^- \longrightarrow H_2 + 2OH^-$

▶ p.189

(4) 陽極で生成する塩素と水酸化ナトリウムが反応してしまうのを防ぐため。

▶ p.190

(5) $Na_2CO_3 \cdot 10H_2O$

▶ p.190

(6) 風解

▶ p.190

(7) アンモニアソーダ法（ソルベー法）

▶ p.191

(8) $2NaHCO_3 \longrightarrow Na_2CO_3 + H_2O + CO_2$

▶ p.192

(9) $2NH_4Cl + Ca(OH)_2 \longrightarrow CaCl_2 + 2H_2O + 2NH_3$

▶ p.193

(10) $2NaCl + CaCO_3 \longrightarrow Na_2CO_3 + CaCl_2$

▶ p.193

(11) ガラスの原料

▶ p.193

Chapter 10 アルカリ金属

確認テスト

問1 次の文章を読み，下の問いに答えよ。

周期表の1族元素のうち，水素を除く元素を ア という。 ア の単体は，常温で水と激しく反応して，気体の イ を発生する。 ア の単体は天然には存在せず， ア を含む化合物の溶融塩電解（融解塩電解）によって得られる。たとえば，(a)塩化ナトリウムを溶融塩電解（融解塩電解）すると， ウ 極にナトリウムの単体が得られる。また，陽極に炭素，陰極に鉄を用いた塩化ナトリウム水溶液の電気分解は，水酸化ナトリウムを製造する方法として用いられる。(b)陽イオン交換膜を隔てて， エ 極側に塩化ナトリウム水溶液，もう一方の電極側に水を入れて電気分解すると， オ 極側で純度の高い水酸化ナトリウムを得ることができる。水酸化ナトリウムの結晶を空気中に放置すると，水蒸気を吸収して水溶液となる。このような性質を カ という。

(1) ア ～ カ に当てはまる語句を答えよ。

(2) 下線部(a)について，塩化ナトリウム水溶液の電気分解ではナトリウムの単体は得られない。その理由を簡潔に説明せよ。

(3) 下線部(b)について，電気分解を通じて陽イオン交換膜を移動するイオンをイオン式で答えよ。

問2 アンモニアソーダ法（ソルベー法）について，下の問いに答えよ。

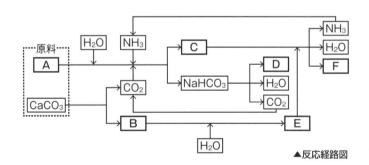

▲反応経路図

(1) A ～ F に当てはまる化合物を化学式で答えよ。

(2) 図中のすべての反応が過不足なく進行したものとすると，$11.7\,kg$ の A から得られる D は何 kg か。有効数字3桁で答えよ。ただし，原子量は $C = 12$，$O = 16$，$Na = 23$，$Cl = 35.5$ とする。

問1 (1) 空欄に当てはまる語句は，それぞれ次のとおりです。「塩化ナトリウムの溶融塩電解」と「塩化ナトリウム水溶液の電気分解」では，それぞれどの極板でどのような反応が起こっていたかを理解することが重要です。忘れてしまった人は，「授業」ページに戻って確認してみてください。

答 ア：**アルカリ金属**　イ：**水素**　ウ：**陰**　エ：**陽**　オ：**陰**　カ：**潮解性**

(2) ナトリウムのようなイオン化傾向が大きい金属の単体は，一般に，水溶液の電気分解では得ることができません。これは，水から生じた水素イオンが，ナトリウムイオンよりも先に陰極で電子を受けとってしまうからです。

答 **ナトリウムはイオン化傾向が大きく，水溶液の電気分解では陰極で水が還元されてしまい，ナトリウムイオンが電子を受けとらないから。**

(3) 塩化ナトリウム水溶液の電気分解では，各電極で次のような反応が起こります。

陽極：$2Cl^- \rightarrow Cl_2 + 2e^-$
陰極：$2H_2O + 2e^- \rightarrow H_2 + 2OH^-$

陽極側ではCl^-の減少により，Na^+による正電荷が大きくなり，陰極側ではOH^-の増加により負電荷が大きくなります。よって，両側の電荷を打ち消すためにNa^+が陽イオン交換膜の陽極側から陰極側へ移動していきます。このとき，陽イオン交換膜は陽イオンしか通過できないため，OH^-が陰極側から陽極側へ移動することはありません。気をつけてくださいね！　**答** Na^+

問2 (1) 空欄に当てはまる化合物は，それぞれ次のとおりです。アンモニアソーダ法は，NaClとCaCO₃を原料にして，Na₂CO₃を工業的につくる方法です。5つの反応をまとめた「反応経路図」を理解すると同時に，各反応の化学反応式も書けるようにしておきましょう。

答 A：**NaCl**　B：**CaO**　C：**NH₄Cl**　D：**Na₂CO₃**　E：**Ca(OH)₂**　F：**CaCl₂**

(2) アンモニアソーダ法の全体の反応式は，$2NaCl + CaCO_3 \rightarrow Na_2CO_3 + CaCl_2$であるため，NaCl（モル質量58.5g/mol）1molからNa₂CO₃（モル質量106g/mol）$\frac{1}{2}$molが得られます。よって，得られるNa₂CO₃の質量は次のように求まります。

$$\frac{11.7 \times 10^3 g}{58.5 \, g/mol} \times \frac{1}{2} \times 106 \, g/mol = 1.06 \times 10^4 g$$

答 **10.6 kg**

Chapter 11 2族元素

この章では，周期表の2族元素について学習します。

一般に，ベリリウム Be とマグネシウム Mg を除く2族元素を

アルカリ土類金属◆といいます。順に確認していきましょう！

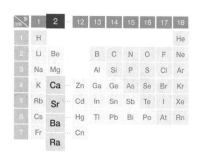

11-1 2族元素の単体

2族元素の単体は，アルカリ金属（Li，Na，K…）と同様に，

ほかの金属と比べて密度が小さく，軟らかいといった特徴をもちます。

ただし，2族元素の単体は，

周期表の同周期のアルカリ金属よりは密度が少し大きく，

融点も高くなります。

反応性もアルカリ金属と似ており，

空気中で酸化されたり，水と反応して水素 H_2 を発生したりします。

ただし，**アルカリ金属よりは穏やかに反応します。**

なお，Mgはアルカリ土類金属（Ca，Sr，Ba…）よりも反応性が小さく，

例えば，カルシウム Ca は常温の水と反応して水素を発生しますが，

Mgは常温の水とは反応しません。

ただし，Mgも熱水とは反応して水素を発生します。

◆ BeとMgを含めて2族元素すべてをアルカリ土類金属と呼ぶこともある。

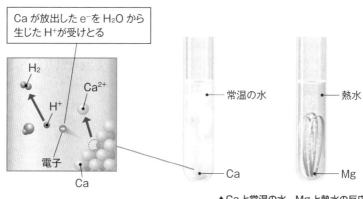

Ca が放出した e⁻ を H₂O から生じた H⁺が受けとる

H_2

Ca^{2+}

H^+

電子

Ca

常温の水

熱水

Ca

Mg

▲Caと常温の水，Mgと熱水の反応

◆ マグネシウムMgとアルカリ土類金属の性質の違い

ここで，Mgとアルカリ土類金属（Ca，Sr，Ba…）の性質の違いを
まとめておきましょう！

	炎色反応	空気との反応	水との反応	水酸化物	炭酸塩	硫酸塩
Mg	示さない	徐々に酸化され光沢を失う	熱水と反応	弱塩基	水に不溶	水に可溶
アルカリ土類金属	示す	速やかに酸化され光沢を失う	常温の水と反応	強塩基	水に不溶	水に不溶（$CaSO_4$はわずかに水に溶ける）

11-2 **2族元素の化合物**

1 炭酸カルシウム

炭酸カルシウム$CaCO_3$は石灰岩，大理石，貝殻などの主成分として，
自然界に広く存在しています。

また，$CaCO_3$は二酸化炭素CO_2を含む水と反応し，

炭酸水素カルシウム$Ca(HCO_3)_2$となって溶解します。

$$CaCO_3 + CO_2 + H_2O \underset{加熱}{\rightleftarrows} Ca(HCO_3)_2 \cdots (*)$$

この反応は，p.136でも学習しましたが，
$CaCO_3$の反応の中で一番重要な反応です！

なお，CO_2が溶け込んだ雨水が地下水となり，
これによって石灰岩（主成分$CaCO_3$）が溶けて
<ruby>鍾乳洞<rt>しょうにゅうどう</rt></ruby>が形成されます。
また，地下水からH_2Oが蒸発したりCO_2が抜けていくと，
ルシャトリエの原理より，式（*）の平衡が左へ移動し，
再び$CaCO_3$が沈殿することによって鍾乳石や<ruby>石筍<rt>せきじゅん</rt></ruby>となります。

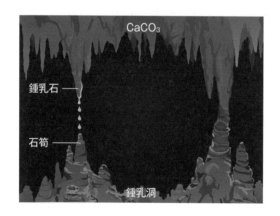

② 水酸化カルシウム

水酸化カルシウム$Ca(OH)_2$は**<ruby>消石灰<rt>しょうせっかい</rt></ruby>**とも呼ばれ，
<ruby>漆喰<rt>しっくい</rt></ruby>の原料として用いられています。
また，$Ca(OH)_2$の飽和水溶液は**石灰水**といい，
CO_2を吹き込むと白く濁ります。

漆喰

p.137 で

石灰水にCO₂を吹き込むと白濁し，
さらに吹き込むと再び透明の水溶液になる！

と学習しましたね。

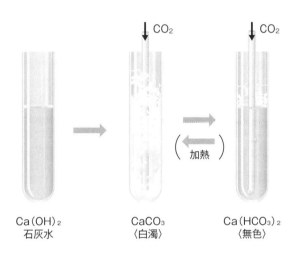

Ca(OH)₂
石灰水

CaCO₃
〈白濁〉

Ca(HCO₃)₂
〈無色〉

3 酸化カルシウム

酸化カルシウム CaO は**生石灰**（せいせっかい）とも呼ばれる「塩基性酸化物」（p.97）であり，
水に溶けて塩基性を示したり，酸と反応して塩をつくります。
また，p.155 の表中にも登場したように乾燥剤として利用されます。
CaO は CaCO₃ の熱分解で得られ，
水 H₂O と反応して Ca(OH)₂ となります。
これは，p.192 で学習した「アンモニアソーダ法」の副反応③と④ですね。

$$CaCO_3 \longrightarrow CaO + CO_2$$
$$CaO + H_2O \longrightarrow Ca(OH)_2$$

なお，CaO と H₂O の反応は非常に大きな発熱を伴うため，
加熱式弁当などに利用されています。

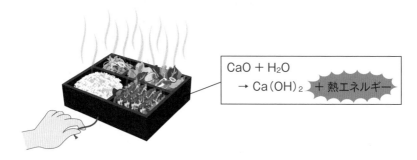

$$CaO + H_2O$$
$$\rightarrow Ca(OH)_2 + 熱エネルギー$$

④ その他の化合物

Ⓐ 硫酸カルシウム

天然には，硫酸カルシウム二水和物（$CaSO_4 \cdot 2H_2O$）として存在しており，
$CaSO_4 \cdot 2H_2O$ は**セッコウ**とも呼ばれます。

セッコウを $120 \sim 140\,℃$ に加熱すると，

水和水の一部を失って**焼きセッコウ**（$CaSO_4 \cdot \frac{1}{2}H_2O$）になり，

さらに，焼きセッコウを水と混ぜて練って放置すると，
再び固まり，セッコウに戻ります。

セッコウは，この性質を利用して，
建築材料，医療用のギプス，セッコウ像などに幅広く利用されています。

❸ 硫酸バリウム

硫酸バリウム $BaSO_4$ は白色の粉末で,
水にも酸にも溶けにくいといった性質が
あります。

また, $BaSO_4$ は**X線を吸収し,
透過させない性質をもちます**。

服用後は,
胃や腸などの粘膜に $BaSO_4$ が付着するので,
レントゲンの撮影をすると,
通常,X線の写真では見ることができない
これらの臓器が見えるようになります。

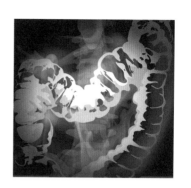

❹ 塩化カルシウム

塩化カルシウム $CaCl_2$ は水に溶けやすい白色結晶で,
強い吸湿性や潮解性を示します。
そのため,**乾燥剤として利用されています**。
また, $CaCl_2$ は電解質であり,
水溶液中では Ca^{2+} と Cl^- に電離するため,
少量で水の凝固点を下げる◆ことができます。
そのため,**融雪剤,凍結防止剤として利用されています**。

▲乾燥剤 $CaCl_2$

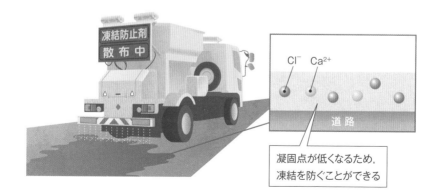

凝固点が低くなるため,
凍結を防ぐことができる

◆ 不揮発性の物質が溶けた溶液の凝固点は,純溶媒の凝固点よりも低くなる(凝固点降下)。また,希薄溶液の
凝固点降下度は,溶液中に含まれるすべての溶質粒子の質量モル濃度に比例する。

Chapter 11 一問一答

■ 2族元素の単体

□□□ (1) カルシウムとマグネシウムの単体は，水とどのように反応するか。それぞれ簡潔に説明せよ。

□□□ (2) 水酸化カルシウムと水酸化マグネシウムは，強塩基，弱塩基のうちどちらであるか。それぞれ答えよ。

□□□ (3) 硫酸バリウムと硫酸マグネシウムの水への溶解性をそれぞれ答えよ。

□□□ (4) 炭酸カルシウムと炭酸マグネシウムの水への溶解性をそれぞれ答えよ。

❷ 2族元素の化合物

□□□ (1) 石灰岩，大理石，貝殻などの主成分であるカルシウムの化合物の化学式を答えよ。

□□□ (2) 水酸化カルシウムと酸化カルシウムは，それぞれ別の名称で呼ばれることがある。その名称を答えよ。

□□□ (3) 水酸化カルシウムと酸化カルシウムは，それぞれ「漆喰」または「乾燥剤」として利用される。それぞれの物質についてどちらの用途が適切かを答えよ。

□□□ (4) 加熱式弁当などに利用されているカルシウムの化合物と水の反応を，化学反応式で答えよ。

□□□ (5) 医療用のギプスや美術品に利用されているカルシウムの化合物の名称をカタカナで答えよ。また，その化合物の化学式を答えよ。

□□□ (6) X線を吸収し透過させない性質をもち，レントゲン撮影に利用されている化合物の名称と化学式をそれぞれ答えよ。

□□□ (7) 塩化カルシウムの主な用途を答えよ。

解 答

■ 2族元素の単体

参考

(1) カルシウムは常温の水と反応して水素を発生する。マグネシウムは
常温の水とはほとんど反応しないが，熱水と反応して水素を発生する。

▶ p.198

(2) 水酸化カルシウム……強塩基，水酸化マグネシウム……弱塩基

▶ p.199

(3) 硫酸バリウム……不溶，硫酸マグネシウム……可溶

▶ p.199

(4) 炭酸カルシウム……不溶，炭酸マグネシウム……不溶

▶ p.199

■ 2族元素の化合物

(1) $CaCO_3$

▶ p.199

(2) 水酸化カルシウム……消石灰，酸化カルシウム……生石灰

▶ p.200
▶ p.201

(3) 水酸化カルシウム……漆喰，酸化カルシウム……乾燥剤

▶ p.200
▶ p.201

(4) $CaO + H_2O \longrightarrow Ca(OH)_2$

▶ p.202

(5) 名称……セッコウ，化学式……$CaSO_4 \cdot 2H_2O$

▶ p.202

(6) 名称……硫酸バリウム，化学式……$BaSO_4$

▶ p.203

(7) 乾燥剤，融雪剤，凍結防止剤など

▶ p.203

Chapter **11**　2族元素

▶次は確認テストにチャレンジ！　205

確認テスト

問 1 次の文章を読み，下の問いに答えよ。

　　周期表の 2 族に属する元素を原子番号の順に列挙すると Be， ア ， イ ，
ウ ， エ ，Ra となり，Be と ア 以外は特に性質が似ていることから，ア
ルカリ土類金属と呼ばれる。

　　 ア とアルカリ土類金属の性質を比べると，たとえば， ア の単体や化合物
は元素特有の炎色反応を①（示す・示さない）が，アルカリ土類金属の単体や化合物
は炎色反応を②（示す・示さない）。また， ア の単体は常温の水と③（激しく反応
する・ほとんど反応しない）が，アルカリ土類金属の単体は常温の水と④（激しく反
応する・ほとんど反応しない）。また， ア の硫酸塩は水に⑤（溶けやすい・溶け
にくい）が，アルカリ土類金属の硫酸塩は水に⑥（溶けやすい・溶けにくい）。なお，
オ はX線を透過させにくい性質をもつので，胃や腸のX線撮影の造影剤に用い
られている。

　　 カ の飽和水溶液に二酸化炭素を吹き込むと白色の沈殿として キ が生成す
るが，(a)さらに二酸化炭素を吹き込むと，白色の沈殿は消えて，無色透明な溶液が
得られる。

　　(b) キ を強熱すると，二酸化炭素と ク に分解し，(c) ク に水を作用させ
ると，大きな発熱を伴って カ が生成する。

(1) ア ～ エ に当てはまる元素記号と， オ ～ ク に当てはまる語句
を答えよ。

(2) ①～⑥に当てはまる語句を，それぞれ括弧内の 2 つの語句から選んで答えよ。

(3) 下線部(a)～(c)の反応について，化学反応式を答えよ。

(4) カルシウムの硫酸塩は，天然には二水和物であるセッコウとして産出される。セッ
コウを 120 ～ 140 ℃に加熱すると焼きセッコウが得られ，医療用ギプスやセッコ
ウ像に使用される。34.4 g のセッコウがすべて焼きセッコウになったとすると，
何 g の焼きセッコウが得られるか。有効数字 2 桁で答えよ。ただし，原子量は H
= 1.0，O = 16，S = 32，Ca = 40 とする。

解答・解説

問1 (1) 空欄に当てはまる元素記号と語句は、それぞれ次のとおりです。

答 ア：**Mg**　　　　　イ：**Ca**　　　　　ウ：**Sr**
エ：**Ba**　　　　　オ：**硫酸バリウム**　　カ：**水酸化カルシウム**
キ：**炭酸カルシウム**　ク：**酸化カルシウム**

(2) マグネシウムとアルカリ土類金属の性質の違いはp.199で学習しましたね。少しややこしい部分もありますが、しっかりと内容を整理しておきましょう！

答 ①：**示さない**　　　②：**示す**　　　③：**ほとんど反応しない**
④：**激しく反応する**　⑤：**溶けやすい**　⑥：**溶けにくい**

(3) (a)はChapter 8、(b)、(c)はChapter 10でも学習した反応です！ 無機化学の学習を進めていくと、繰り返し登場する内容もあるので、その都度、以前に学習したことを思い出しながら理解を深めていきましょう。

答 (a) $CaCO_3 + CO_2 + H_2O \rightarrow Ca(HCO_3)_2$
(b) $CaCO_3 \rightarrow CaO + CO_2$
(c) $CaO + H_2O \rightarrow Ca(OH)_2$

(4) $CaSO_4 \cdot 2H_2O \rightarrow CaSO_4 \cdot \frac{1}{2}H_2O + \frac{3}{2}H_2O$ より、<u>セッコウ $CaSO_4 \cdot 2H_2O$ (モル質量 172 g/mol) 1 mol から焼きセッコウ $CaSO_4 \cdot \frac{1}{2}H_2O$ (モル質量 145 g/mol) 1 mol が得られます。</u>よって、得られる $CaSO_4 \cdot \frac{1}{2}H_2O$ の質量は次のように求められます。

$$\frac{34.4\,g}{172\,g/mol} \times 145\,g/mol = 29\,g$$　**答** **29 g**

Part 3
金属元素

Chapter 12 アルミニウム

僕たちの身のまわりには，硬貨や飲料缶をはじめとして，
たくさんのアルミニウム製品が存在します。
この章では，アルミニウムの単体の製法や用途，
また，アルミニウムの化合物などを１つずつ整理していきましょう！

12-1 アルミニウムの単体

1 製法

アルミニウム Al は周期表の13族に属する元素です。
Al はイオン化傾向が大きいため，
天然には，主に酸素と結びついた化合物の状態（Al_2O_3）で存在しています。
この化合物を含む鉱物は**ボーキサイト**（主成分 $Al_2O_3 \cdot nH_2O$）と呼ばれ，
ここから Al の単体を得ることになります。

具体的な流れとしては，
ボーキサイトから純粋な酸化アルミニウム（アルミナ）Al_2O_3 を取り出し，
電気分解を行うことで，Al の単体とします。
次ページの図のような流れですね。

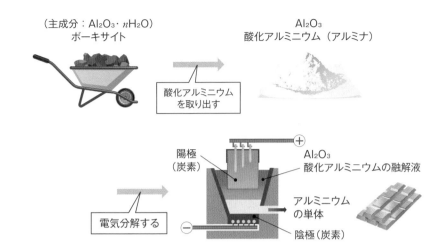

（主成分：$Al_2O_3 \cdot nH_2O$）
ボーキサイト

Al_2O_3
酸化アルミニウム（アルミナ）

酸化アルミニウム
を取り出す

陽極
（炭素）

Al_2O_3
酸化アルミニウムの融解液

電気分解する

アルミニウム
の単体

陰極（炭素）

電気分解の工程に関して，もう少し詳しくお話しします。

AlはH₂よりもイオン化傾向が大きいため，

アルミニウムイオン Al^{3+} を含む水溶液を電気分解しても，

水から生じた水素イオン H^+ が先に電子を受けとって水素 H_2 となってしまい

Alを得ることはできません。

よって，Alの単体を得るには，

アルミニウムを含む化合物の融解液を

電気分解（溶融塩電解）する必要があります。

「ん？　どこかで聞いたことあるような……。」と

思った人もいるのではないでしょうか。

同様の内容をp.184でも学習しましたね。

ただし，Al_2O_3 の融点は約 2000℃ と非常に高く，

簡単に融解することができないため，**氷晶石(Na_3AlF_6)と共に融解します。**

これは，「理論化学」で学習した凝固点降下を応用したものです。

凝固点降下は，**溶液の凝固点が純粋な溶媒の凝固点よりも低くなる**

といった現象でしたね。

つまり，「何かと混ぜる」と凝固点が下がるのです。

凝固点と融点は同じ温度ですので，

Al_2O_3 を「氷晶石と混ぜる」ことで，Al_2O_3 の融点を下げているのです。

その結果，900〜1000℃くらいの温度で融解することができ，

溶融塩電解が可能となります。

氷晶石 ➡ Al_2O_3 の融点を下げるために用いる！

では，この溶融塩電解において各電極で起こる反応を説明するので，

下図を見ながら聞いてください。

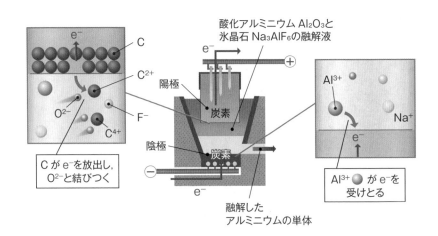

陰極では，Al^{3+} が電子を受けとり Al の単体となります。

融解液には，

氷晶石から生じた Na^+ と，Al^{3+} という2種類の陽イオンが含まれています。

しかし，Na は Al よりもイオン化傾向が大きく，

Na^+ の方がより「イオンのままでいたい」ため，

Al^{3+} が電子を受けとっていることを理解できるといいですね。

$$陰極：Al^{3+} + 3e^- \rightarrow Al$$

陽極では，電極に用いている炭素が電子を放出し，
C^{2+}やC^{4+}となり，これらが酸化物イオンO^{2-}と結びついて，
一酸化炭素CO，または二酸化炭素CO_2を発生します。

$$
\begin{array}{ll}
C & \rightarrow \cancel{C^{2+}} + 2e^- \\
\cancel{C^{2+}} + O^{2-} \rightarrow CO \\
\hline
C + O^{2-} \rightarrow CO + 2e^-
\end{array}
\qquad
\begin{array}{ll}
C & \rightarrow \cancel{C^{4+}} + 4e^- \\
\cancel{C^{4+}} + 2O^{2-} \rightarrow CO_2 \\
\hline
C + 2O^{2-} \rightarrow CO_2 + 4e^-
\end{array}
$$

陽極の反応はこのまま覚えてしまいましょう！

$$陽極：C + O^{2-} \rightarrow CO + 2e^-$$
$$C + 2O^{2-} \rightarrow CO_2 + 4e^-$$

さて，このようにアルミニウムをボーキサイトから製造するには，
溶融塩電解を行うために多量の電気エネルギーを必要とします。
そのため，アルミニウム製品のリサイクルによって
アルミニウムの単体を製造することが望まれます。

2 用途

アルミニウム Alは，硬貨，飲料缶，アルミホイルのほか，
窓枠のサッシなど，身のまわりで幅広く利用されていますね。

また，少量の銅CuやマグネシウムMgを含み，
Alを主成分とした合金を**ジュラルミン**といい，
<u>軽くて丈夫であるという特徴から，
飛行機の機体などに利用されています。</u>

3 性質

ⓐ 不動態

アルミニウムAlの単体を空気中に放置すると，
表面にち密な酸化被膜（酸化アルミニウムAl_2O_3の被膜）を形成し
内部を保護します。
このような状態を**不動態**といいます。
これにより，Alはさびにくいといった特徴をもちます。
また，**Alは濃硝酸中でも不動態となる**ため，
濃硝酸に溶けません（p.56）。
なお，不動態とは異なり，
アルミニウム製品の表面を人工的に酸化して，
酸化被膜をつくったものを**アルマイト**といいます。

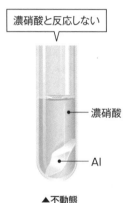

濃硝酸と反応しない

濃硝酸

Al

▲不動態

ⓑ テルミット反応

アルミニウムAlを空気中で加熱すると，
激しく燃焼して酸化アルミニウムAl_2O_3となります。

$$4Al \ + \ 3O_2 \ \longrightarrow \ 2Al_2O_3$$

Alは酸素と結びつきやすい（酸化されやすい）性質をもつため，
<u>Al以外の金属酸化物から，金属の単体を取り出す際に利用されています。</u>
例えば，Alと酸化鉄(Ⅲ)Fe_2O_3の混合物を**テルミット**といいます。
そのテルミットに点火すると

多量の熱や光を発しながら次の反応が起こり，
鉄Feの単体が得られます。

$$2Al \ + \ Fe_2O_3$$
$$\longrightarrow \ Al_2O_3 \ + \ 2Fe$$

このように，
Alを利用して金属酸化物から金属の単体を取り出す反応を
テルミット反応といい，小規模な金属の製錬に利用されているのです！

ⓒ 両性金属

アルミニウム Al，亜鉛 Zn，スズ Sn，鉛 Pb などの元素は**両性金属（両性元素）**
と呼ばれ，
その単体は**酸の水溶液にも強塩基の水溶液にも溶けて水素 H_2 を発生します。**
両性金属は，

「Al，Zn，Sn，Pb と両性に愛される」

と覚えておきましょう！

では，Alを例に説明していきますね！
まず，酸との反応です。例えば，**Alを塩酸に溶かすと H_2 が発生します。**
この反応は，p.53で確認した反応と同様の仕組みで起こると考えてください。

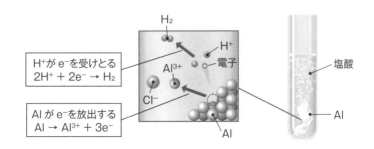

H₂

H⁺がe⁻を受けとる
$2H^+ + 2e^- \rightarrow H_2$

H⁺
電子

Al^{3+}

Cl^-

Alがe⁻を放出する
$Al \rightarrow Al^{3+} + 3e^-$

Al

塩酸

Al

$$2Al \ + \ 6HCl \ \longrightarrow \ 2AlCl_3 \ + \ 3H_2$$

$$
\begin{array}{ll}
\boxed{\text{R}} \ Al & \longrightarrow \ Al^{3+} \ + \ 3e^- \ (\times 2) \\
\boxed{\text{O}} \ 2H^+ \ + \ 2e^- \longrightarrow \ H_2 & (\times 3) \\
\hline
2Al \ + \ 6H^+ \longrightarrow \ 2Al^{3+} \ + \ 3H_2 & \\
 (6Cl^-) \ \downarrow \ (6Cl^-) & \\
2Al \ + \ 6HCl \longrightarrow \ 2AlCl_3 \ + \ 3H_2 &
\end{array}
$$

ややこしいのは，塩基との反応です。

Alを水酸化ナトリウムNaOH水溶液に溶かすと，

酸に溶かしたときと同様にH₂を発生するのですが，

これはどのような仕組みで起こっているのか詳しく見ていきましょう！

下図を見ながら聞いてくださいね。

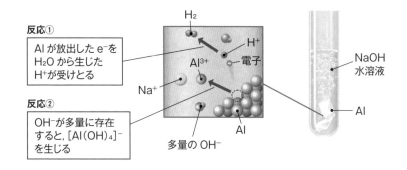

反応①

Al が放出した e⁻を
H₂O から生じた
H⁺が受けとる

反応②

OH⁻が多量に存在
すると，[Al(OH)₄]⁻
を生じる

H₂　H⁺　電子　Al³⁺　Na⁺　多量の OH⁻　Al

NaOH
水溶液

Al

Alが溶けてAl^{3+}となったときに放出された電子は，

ナトリウムイオンNa^+ではなく，

水H_2Oから生じた水素イオンH^+が受けとることになります。

これは，イオン化傾向の大きさが$Na > Al > H_2$であることから理解できますね！

その結果，H_2が発生することになります（反応①）。

$$2Al + 6H_2O \longrightarrow 2Al(OH)_3 + 3H_2 \quad \cdots 反応①$$

$$\left[\begin{array}{l} \boxed{R} \quad Al \longrightarrow Al^{3+} + 3e^- \quad (\times 2) \\ \boxed{O} \quad 2H_2O + 2e^- \longrightarrow H_2 + 2OH^- \quad (\times 3) \\ \hline \quad 2Al + 6H_2O \longrightarrow 2Al(OH)_3 + 3H_2 \end{array}\right]$$

さらに，反応①で生じた**水酸化アルミニウム$Al(OH)_3$**は，

水酸化物イオンOH^-が多量に存在する溶液中では，

錯イオンのテトラヒドロキシドアルミン酸イオン $[Al(OH)_4]^-$となって

溶解します（反応②）。錯イオンについてはChapter 14で詳しく説明します。

$$Al(OH)_3 + \underbrace{NaOH}_{Na^+,\ OH^-} \longrightarrow \underbrace{Na[Al(OH)_4]}_{Na^+,\ [Al(OH)_4]^-} \quad \cdots 反応②$$

つまり，Alと$NaOH$水溶液の反応では，

上の2つの反応①と②が続けて起こるため，全体の反応は次のようになります。

$$\begin{array}{lll} 2Al & + 6H_2O & \longrightarrow \cancel{2Al(OH)_3} + 3H_2 & \cdots 反応① \\ \cancel{Al(OH)_3} & + NaOH & \longrightarrow Na[Al(OH)_4] & \cdots 反応②\ (\times 2) \\ \hline 2Al & + 6H_2O + 2NaOH & \longrightarrow 2Na[Al(OH)_4] + 3H_2 \end{array}$$

試験で問われるのは結果だけですので，

全体の反応式

$$2Al + 6H_2O + 2NaOH \longrightarrow 2Na[Al(OH)_4] + 3H_2$$

だけを覚えておいてもいいのですが，

それだと忘れてしまったときに対応できません。

ですから，**反応①と②の式から**

全体の反応式をつくれるようにしておきましょう！

また, そのほかの両性金属 (Zn, Pb, Sn) の単体も同様に反応します。

例えば, Zn と塩酸の反応, Zn と NaOH 水溶液の反応は, それぞれ次のとおりです。

$$Zn + 2HCl \longrightarrow ZnCl_2 + H_2$$
$$Zn + 2H_2O + 2NaOH$$
$$\longrightarrow Na_2[Zn(OH)_4] + H_2$$

◆ **アルミニウム Al の単体の製造**

| ボーキサイト (主成分：$Al_2O_3 \cdot nH_2O$) | → | 酸化アルミニウム Al_2O_3 | 溶融塩電解 → | アルミニウム Al |

◆ **ジュラルミン**

Al を主成分とした合金で, 少量の銅 Cu やマグネシウム Mg を含む。軽くて丈夫であるため, 飛行機の機体などに利用されている。

◆ **不動態**

Al を空気中に放置したり, 濃硝酸に加えたりした際, 表面にち密な酸化被膜を形成した状態。酸化被膜が内部を保護するため, 反応がそれ以上進まなくなる。
(一方, アルミニウム製品に人工的に酸化被膜をつけたものをアルマイトという)

◆ **テルミット反応**

Al が酸素と結びつきやすい性質を利用して, 金属酸化物から金属の単体を取り出す反応。

例 $2Al + Fe_2O_3 \rightarrow Al_2O_3 + 2Fe$

◆ **両性金属**

アルミニウム Al, 亜鉛 Zn, スズ Sn, 鉛 Pb などの元素で, 単体は酸の水溶液にも強塩基の水溶液にも溶けて, 水素 H_2 を発生する。
覚え方は, 「Al, Zn, Sn, Pb と両性に愛される」。

例 Al の反応
$2Al + 6HCl \rightarrow 2AlCl_3 + 3H_2$
$2Al + 6H_2O + 2NaOH \rightarrow 2Na[Al(OH)_4] + 3H_2$

例 Zn の反応
$Zn + 2HCl \rightarrow ZnCl_2 + H_2$
$Zn + 2H_2O + 2NaOH \rightarrow Na_2[Zn(OH)_4] + H_2$

12-2 アルミニウムの化合物

1 水酸化アルミニウム

水酸化アルミニウム $Al(OH)_3$ は水に溶けにくい白色の結晶で，
アルミニウムイオン Al^{3+} を含む水溶液に水酸化ナトリウム $NaOH$ や
アンモニア NH_3 などの塩基の水溶液を加えると生じます。
p.215 でも触れたように，
$Al(OH)_3$ は多量の水酸化物イオン OH^- の存在下では $[Al(OH)_4]^-$ となるため，
$Al(OH)_3$ に $NaOH$ 水溶液をさらに加えると溶解します。
ただし，NH_3 は弱塩基であり電離度が小さいため，
多量に加えても OH^- はわずかしか生じず，$[Al(OH)_4]^-$ にはなりません。

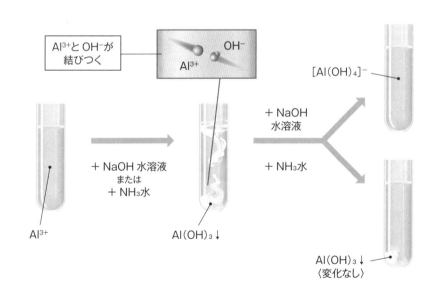

また，$Al(OH)_3$ は**両性水酸化物**と呼ばれ，
強塩基の水溶液にも酸の水溶液にも溶けます。

例えば，$Al(OH)_3$ を塩酸に溶かしたときの反応は，次のとおりです。

$$Al(OH)_3 \ + \ 3HCl \ \rightarrow \ AlCl_3 \ + \ 3H_2O$$

$$\left[\begin{array}{l} Al(OH)_3 \qquad\qquad \rightarrow \ Al^{3+} \ + \ 3OH^- \\ HCl \qquad\qquad\quad \rightarrow \ Cl^- \ + \ H^+ \ (\times 3) \\ \hline Al(OH)_3 \ + \ 3HCl \ \rightarrow \ AlCl_3 \ + \ 3H_2O \end{array}\right]$$

この反応は酸（HCl）と塩基（$Al(OH)_3$）の中和反応ですね。
一方，$Al(OH)_3$ を NaOH 水溶液に溶かしたときの反応は，
p.217 の図の後半で NaOH 水溶液を加えたときに起こる反応です
（p.215 の反応②とも同様の反応ですね）。

$$Al(OH)_3 \ + \ NaOH \ \longrightarrow \ Na[Al(OH)_4]$$

$$\underbrace{}_{Na^+, \ OH^-} \qquad \underbrace{}_{Na^+, \ [Al(OH)_4]^-}$$

$Al(OH)_3$ が溶けるのは，あくまでも強塩基の水溶液なので
注意しておきましょう。
先ほども説明したように $Al(OH)_3$ は，
NH_3 のような弱塩基の水溶液（OH^- の量が少ない水溶液）には溶けません。

さて，そのほかの両性金属（Zn, Pb, Sn）の水酸化物も
「両性水酸化物」であり，同様に反応します。
例えば，$Zn(OH)_2$ と塩酸の反応，$Zn(OH)_2$ と NaOH 水溶液の反応は，
それぞれ次のとおりです。

$$Zn(OH)_2 \ + \ 2HCl \ \longrightarrow \ ZnCl_2 \ + \ 2H_2O$$
$$Zn(OH)_2 \ + \ 2NaOH \ \longrightarrow \ Na_2[Zn(OH)_4]$$

② 酸化アルミニウム

酸化アルミニウム Al_2O_3 は**アルミナ**ともいい，水に溶けにくい白色の結晶です。
また，Al_2O_3 は**ルビーやサファイアの主成分**でもあり，
ルビーには微量のクロム Cr，
サファイアには微量の鉄 Fe やチタン Ti が含まれています。

▲ルビー ▲サファイア

そして，Al_2O_3 は「両性酸化物」（p.97）と呼ばれ，
酸の水溶液にも強塩基の水溶液にも溶けます。

ここで，**金属の酸化物は水酸化物から水がとれたもの**と考えられるため，
酸化物の反応を考えるときには，
水を加えて水酸化物に戻してから考えるとわかりやすいです。
具体的に説明していきますね！
例えば，Al_2O_3 は 2 つの $Al(OH)_3$ から $3H_2O$ がとれたものと
考えられるため，
Al_2O_3 に $3H_2O$ を加えて $2Al(OH)_3$ に戻して考えていきます。

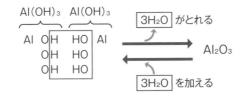

よって，Al_2O_3 と塩酸の反応は，次のとおりです。

$$\begin{array}{l}
Al_2O_3 + \boxed{3H_2O}\ \overset{加える}{} (\to 2Al(OH)_3) \to 2Al^{3+} + 6OH^- \\
HCl \qquad\qquad\qquad\qquad \to Cl^- \quad + H^+ \quad (\times 6) \\
\hline
Al_2O_3 + 3H_2O + 6HCl \qquad \to 2AlCl_3 + 6H_2O
\end{array}$$

両辺から $3H_2O$ を消すと，

$$Al_2O_3 \ + \ 6HCl \longrightarrow 2AlCl_3 \ + \ 3H_2O$$

また，Al_2O_3 と NaOH 水溶液の反応においても同様に，
Al_2O_3 に $3H_2O$ を加えて，$2Al(OH)_3$ として考えます。
反応式は次のとおりです。

$$Al_2O_3 \ + \ 3H_2O \ + \ 2NaOH \longrightarrow 2Na[Al(OH)_4]$$

$2Al(OH)_3$ ｜ Na^+, OH^- ｜ $Na^+, [Al(OH)_4]^-$

また，そのほかの両性金属（Zn，Pb，Sn）の酸化物も「両性酸化物」であり，
同様に反応します。
例えば，ZnO は H_2O を加えて $Zn(OH)_2$ として考え，
ZnO と塩酸の反応，ZnO と NaOH 水溶液の反応は，それぞれ次のとおりです。

$$ZnO \ + \ 2HCl \longrightarrow ZnCl_2 \ + \ H_2O$$
$$ZnO \ + \ H_2O \ + \ 2NaOH \longrightarrow Na_2[Zn(OH)_4]$$

3 ミョウバン

硫酸カリウム K_2SO_4 と硫酸アルミニウム $Al_2(SO_4)_3$ の混合水溶液を濃縮すると，**ミョウバン**（硫酸カリウムアルミニウム十二水和物 $AlK(SO_4)_2 \cdot 12H_2O$）が得られます。

ミョウバンのように，2種類以上の塩が合体したような塩を**複塩**といいます。
ミョウバンは無色透明の正八面体形をしたきれいな結晶で，
水溶液中では次のように電離して，各イオンを生じます。

$$AlK(SO_4)_2 \cdot 12H_2O$$
$$\rightarrow Al^{3+} + K^+ + 2SO_4^{2-} + 12H_2O$$

また，**ミョウバンの水溶液は弱酸性を示します。**

これは，次のように考えてください。

K_2SO_4 は強酸（H_2SO_4）と強塩基（KOH）の正塩なので，
水溶液は中性を示します。

一方，$Al_2(SO_4)_3$ は強酸（H_2SO_4）と弱塩基（$Al(OH)_3$）の正塩なので，
水溶液は弱酸性を示します。

よって，K_2SO_4 と $Al_2(SO_4)_3$ の複塩であるミョウバンの水溶液は，
（中性＋弱酸性より）弱酸性を示すことになります。

ミョウバンは，染色や食品添加物などに利用されています。

POINT

◆ **水酸化アルミニウムの生成と溶解**

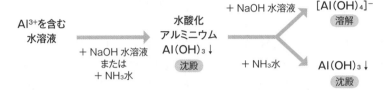

◆ **両性水酸化物**

アルミニウム Al，亜鉛 Zn，スズ Sn，鉛 Pbなどの水酸化物で，酸の水溶液にも強塩基の水溶液にも溶ける。

例 $Al(OH)_3$ の反応
$$Al(OH)_3 + 3HCl \rightarrow AlCl_3 + 3H_2O$$
$$Al(OH)_3 + NaOH \rightarrow Na[Al(OH)_4]$$

例 $Zn(OH)_2$ の反応
$$Zn(OH)_2 + 2HCl \rightarrow ZnCl_2 + 2H_2O$$
$$Zn(OH)_2 + 2NaOH \rightarrow Na_2[Zn(OH)_4]$$

◆ **アルミナ**

純粋な酸化アルミニウム Al_2O_3 のことであり，水に溶けない白色の結晶。

◆ **ルビーとサファイア**

Al_2O_3 が主成分であり，ルビーは微量のクロム Cr，サファイアは微量の鉄 Fe やチタン Ti を含む。

◆ **両性酸化物**

アルミニウム Al，亜鉛 Zn，スズ Sn，鉛 Pbなどの酸化物で，酸の水溶液にも強塩基の水溶液にも溶ける。

例 Al_2O_3 の反応
$$Al_2O_3 + 6HCl \rightarrow 2AlCl_3 + 3H_2O$$
$$Al_2O_3 + 3H_2O + 2NaOH \rightarrow 2Na[Al(OH)_4]$$

例 ZnO の反応
$$ZnO + 2HCl \rightarrow ZnCl_2 + H_2O$$
$$ZnO + H_2O + 2NaOH \rightarrow Na_2[Zn(OH)_4]$$

◆ **ミョウバン $AlK(SO_4)_2 \cdot 12H_2O$**

硫酸カリウム K_2SO_4 と硫酸アルミニウム $Al_2(SO_4)_3$ の混合水溶液を濃縮すると得られる複塩であり，無色透明の正八面体形の結晶である。また，水溶液は弱酸性を示す。

「ダイヤモンド」よりも硬い物質が存在する?

なぜ「ダイヤモンド」は，指輪などのアクセサリーに
利用され，重宝されているのでしょう?
美しい輝きをもつことはもちろんですが，
長い間，地球上の物質の中で一番硬い物質である
と考えられていたことも大きく影響しています。
また，「ルビー」も美しい輝きをもつ宝石で，長い間「ダイヤモンド」
の次に硬い物質であると考えられてきました。
しかし，近年，「ダイヤモンド」よりももっと硬い物質が
発見されたのです。

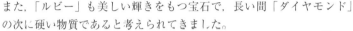

それは，「ロンズデーライト」という物質です。
これもダイヤモンドと同じく，炭素の同素体です。
「ロンズデーライト」は隕石が地球に衝突したときに生じると考えられ
ており，1967年に米国のアリゾナ州で初めて発見されました。
現在では，「ロンズデーライト」が地球上で最も硬い物質と考えられて
いますが，もしかしたらこの先，さらに硬い物質が発見されるかもしれ
ませんね。
皆さんの中には，化学の世界はすでにほとんど解明されていると思って
いる人もいるかもしれませんが，とんでもありません!
まだまだ見つかっていない物質，解明されていない化学現象の謎がたく
さん存在しているのです。
僕も高校生の頃は，その「謎を解き明かす」ことを目標に化学を勉強し
たいと考えていました。しかし、いざ大学で勉強を進めていくと，次第
に「謎を解き明かす」よりも「化学の世界について教えたい」と考える
ようになっていきました。
僕は予備校講師の道に進みましたが，皆さんの中で「謎を解き明かす」
ことを志してくれる人がいれば，それは僕にとっても嬉しいことです!
そんなことを願いながらこの仕事を続けています。
皆さんも，ぜひ化学の世界を楽しんでくださいね!

Chapter 12　一問一答

1 アルミニウムの単体

□□□　(1)　ボーキサイトからアルミニウムの単体を製造するまでの流れを簡潔に説明せよ。

□□□　(2)　アルミニウムの製造で氷晶石を用いる理由を簡潔に説明せよ。

□□□　(3)　酸化アルミニウムの溶融塩電解において，陽極と陰極で起こる反応を，それぞれ電子を含むイオン反応式で答えよ。

□□□　(4)　少量の銅やマグネシウムを含み，アルミニウムを主成分とした合金を何というか答えよ。

□□□　(5)　(4)の合金はどのような特徴をもつか。また，その用途を答えよ。

□□□　(6)　アルミニウムが濃硝酸に溶けない理由を簡潔に説明せよ。

□□□　(7)　アルマイトとは何かを簡潔に説明せよ。

□□□　(8)　アルミニウムを用いて，金属酸化物から金属の単体を取り出す反応を何というか答えよ。

□□□　(9)　アルミニウムと塩酸の反応，アルミニウムと水酸化ナトリウム水溶液の反応の化学反応式を，それぞれ答えよ。

2 アルミニウムの化合物

□□□　(1)　アルミニウムイオンを含む水溶液に，水酸化ナトリウム水溶液を十分な量加えていったときの変化を簡潔に説明せよ。

□□□　(2)　アルミニウムイオンを含む水溶液に，アンモニア水を十分な量加えていったときの変化を簡潔に説明せよ。

□□□　(3)　水酸化アルミニウムと塩酸の反応，水酸化アルミニウムと水酸化ナトリウム水溶液の反応の化学反応式を，それぞれ答えよ。

□□□　(4)　純粋な酸化アルミニウムを何というか答えよ。

□□□　(5)　ルビーとサファイアの主成分の化学式を答えよ。

□□□　(6)　酸化アルミニウムと塩酸の反応，酸化アルミニウムと水酸化ナトリウム水溶液の反応の化学反応式を，それぞれ答えよ。

□□□　(7)　硫酸カリウム K_2SO_4 と硫酸アルミニウム $Al_2(SO_4)_3$ の混合水溶液を濃縮することで得られるミョウバンの化学式を答えよ。

□□□　(8)　ミョウバンのように，2種類以上の塩から構成される塩を何というか答えよ。

□□□　(9)　ミョウバンの水溶液の液性を答えよ。

解 答

1 アルミニウムの単体

(1) ボーキサイトから純粋な酸化アルミニウムを取り出し，氷晶石とともに溶融塩電解すると，陰極側でアルミニウムの単体が得られる。

▶ p.208
▶ p.209
▶ p.210

(2) 酸化アルミニウムをより低い温度で溶融塩電解するため。
(別解) 酸化アルミニウムの融点を下げるため。

▶ p.210

(3) 陽極……$C + O^{2-} \longrightarrow CO + 2e^-$
　　　　　$C + 2O^{2-} \longrightarrow CO_2 + 4e^-$
　陰極……$Al^{3+} + 3e^- \longrightarrow Al$

▶ p.210
▶ p.211

(4) ジュラルミン

▶ p.212

(5) 特徴……軽くて丈夫である。
　用途……飛行機の機体など

▶ p.212

(6) 表面にち密な酸化被膜を形成し，内部を保護するため。
(別解) 不動態となるため。

▶ p.212

(7) アルミニウム製品の表面に，人工的に酸化被膜をつくったもの。

▶ p.212

(8) テルミット反応

▶ p.213

(9) 塩酸……$2Al + 6HCl \longrightarrow 2AlCl_3 + 3H_2$
　水酸化ナトリウム水溶液……$2Al + 6H_2O + 2NaOH$
　　　　　　　　　　　　　　$\longrightarrow 2Na[Al(OH)_4] + 3H_2$

▶ p.214
▶ p.215

2 アルミニウムの化合物

(1) 少量加えた時点では白色沈殿を生じ，多量に加えると沈殿が溶解して無色の水溶液になる。

▶ p.217

(2) 少量加えた時点で白色沈殿を生じ，多量に加えても沈殿は溶解しない。

▶ p.217

(3) 塩酸……$Al(OH)_3 + 3HCl \longrightarrow AlCl_3 + 3H_2O$
　水酸化ナトリウム水溶液……$Al(OH)_3 + NaOH \longrightarrow Na[Al(OH)_4]$

▶ p.218

(4) アルミナ

▶ p.219

(5) Al_2O_3

▶ p.219

(6) 塩酸……$Al_2O_3 + 6HCl \longrightarrow 2AlCl_3 + 3H_2O$
　水酸化ナトリウム水溶液……$Al_2O_3 + 3H_2O + 2NaOH$
　　　　　　　　　　　　　$\longrightarrow 2Na[Al(OH)_4]$

▶ p.220

(7) $AlK(SO_4)_2 \cdot 12H_2O$

▶ p.221

(8) 複塩

▶ p.221

(9) (弱)酸性

▶ p.221

Chapter **12** アルミニウム

確認テスト

問1 次の文章を読み，下の問いに答えよ。

単体のアルミニウムは，鉱物である｜　ア　｜から酸化アルミニウム（アルミナ）を取り出し，これを｜　イ　｜と共に(a)溶融塩電解してつくられる。また，アルミニウムの単体は，軽量で丈夫であるという特徴から様々な用途に用いられる。たとえば，少量の銅，マグネシウムなどを含み，アルミニウムを主成分とした合金は｜　ウ　｜と呼ばれ，航空機材料などに用いられる。(b)アルミニウムの小片を濃硝酸に加えてもほとんど反応しないが，希塩酸に加えると｜　エ　｜を発生しながら溶解する。また，(c)アルミニウムの小片は水酸化ナトリウム水溶液に加えても｜　エ　｜を発生しながら溶解する。

アルミニウムイオンを含んだ水溶液にアンモニア水または水酸化ナトリウムなどの塩基を加えると，｜　オ　｜の白色沈殿を生じる。｜　オ　｜は(d)過剰量の水酸化ナトリウム水溶液に錯イオンを形成して溶ける。

酸化アルミニウム（アルミナ）はルビーやサファイアの主成分であり，アルミニウムが両性金属であることから｜　カ　｜酸化物と呼ばれる。

(1)　｜　ア　｜〜｜　カ　｜に当てはまる語句を答えよ。

(2)　下線部(a)について，陰極と陽極で起こる反応を，それぞれ電子を含むイオン反応式で答えよ。なお，陽極ではCOとCO_2が発生する2種類の反応が起こる。
　　　また，$1.93 \times 10^8 \, C$の電気量が流れたとき，得られるアルミニウムは何kgか。有効数字2桁で答えよ。ただし，原子量はAl＝27，ファラデー定数は$9.65 \times 10^4 \, C/mol$とする。

(3)　下線部(b)の理由を簡潔に説明せよ。

(4)　下線部(c)の反応について，化学反応式を答えよ。

(5)　下線部(d)について，｜　オ　｜と同様に，過剰量の水酸化ナトリウム水溶液に錯イオンを形成して溶ける物質の組合せとして正しいものを，次の①〜④のうちから1つ選び番号で答えよ。

　　　① $Zn(OH)_2$, $Fe(OH)_3$　　② $Zn(OH)_2$, $Pb(OH)_2$
　　　③ $Fe(OH)_3$, $Cu(OH)_2$　　④ $Fe(OH)_3$, $Pb(OH)_2$

(6)　アルミニウムと酸化鉄(Ⅲ)の粉末を混合して点火すると，鉄の単体が得られる。この反応の化学反応式を答えよ。また，この反応の名称を答えよ。

問1 (1) 空欄に当てはまる語句は，それぞれ次のとおりです。アルミニウムは，単体の製法や両性金属としての性質など，重要な部分が多いので，きちんと理解しておいてくださいね。

> 答 ア：ボーキサイト　イ：氷晶石　　　　ウ：ジュラルミン
> エ：水素　　　オ：水酸化アルミニウム　カ：両性

(2) 酸化アルミニウム（アルミナ）の溶融塩電解では，陰極，陽極でそれぞれ次の反応が起こります。

> 答 陰極：$Al^{3+} + 3e^- \rightarrow Al$
> 陽極：$C + O^{2-} \rightarrow CO + 2e^-$
> $C + 2O^{2-} \rightarrow CO_2 + 4e^-$

ここで，流れた電子〔mol〕 $= \dfrac{\text{電気量〔C〕}}{\text{ファラデー定数〔C/mol〕}}$ より，この電気分解で

流れた電子の物質量は，次のように求められます。

$$\dfrac{1.93 \times 10^8\,C}{9.65 \times 10^4\,C/mol} = 2.0 \times 10^3\,mol$$

よって，$Al^{3+} + 3e^- \rightarrow Al$より，得られるアルミニウムの質量は，

$2.0 \times 10^3\,mol \times \dfrac{1}{3} \times 27\,g/mol = 1.8 \times 10^4\,g$　　答 **18 kg**

(3) アルミニウム，鉄，ニッケルなどの金属は，**濃硝酸中では不動態となる**ため，溶けません。

> 答 **アルミニウムの表面にち密な酸化被膜を形成し，内部を保護するため。**

(4) アルミニウムの単体と水酸化ナトリウム水溶液の反応式は，この章の反応式の中で，つくり方が一番やっかいな式です。p.214で説明した「現象」を理解し，自力でつくれるようになるまで何度も練習してくださいね！

> 答 $2Al + 6H_2O + 2NaOH \rightarrow 2Na[Al(OH)_4] + 3H_2$

(5) 過剰の水酸化ナトリウム水溶液に錯イオンを形成して溶けるのは，**両性金属（Al，Zn，Sn，Pb）の性質**です。よって，両性金属の水酸化物である$Zn(OH)_2$と$Pb(OH)_2$を選べばOKです。　　答 **②**

(6) この反応は，p.212で学習したテルミット反応ですね。

> 答 $2Al + Fe_2O_3 \rightarrow Al_2O_3 + 2Fe$，**テルミット反応**

Chapter **13** # 遷移元素

この章では，遷移元素（3〜11族元素◆）のうち，
大学入試でよく出題される鉄と銅について確認していきます！

13-1 遷移元素の性質

一般に，元素の化学的性質は価電子の数によって決まります。
典型元素（1, 2族，12〜18族元素）の原子は，
原子番号の増加に伴い，増えた電子が最外殻に配置されるため，
化学的性質が周期的に変化します。

一方，遷移元素の原子は，
原子番号の増加に伴い，増えた電子が内側の電子殻に配置されるため，
最外殻電子の数は1個または2個を保っており，
周期表で隣り合う元素どうしでも化学的性質がよく似ています。

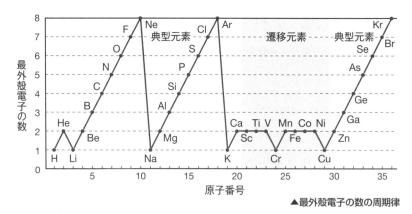

▲最外殻電子の数の周期律

◆ 3〜12族元素を遷移元素と呼ぶこともある。

遷移元素はすべて金属元素であり，

典型元素の金属と比べて密度が大きく，融点の高いものが多いことも特徴です。

また，複数の酸化数をとる元素が多くあります。

例えば鉄の場合，Fe^{2+}とFe^{3+}が存在します。

さらに，遷移元素の化合物やイオンを含む水溶液の多くが特有の色を示します。

「無機化学」の勉強では，「色」を覚えることが大きな壁になりますが，

本書ではフルカラーのイラストを掲載し，視覚的に「色」を覚えられるように

しました！

OINT

◆ **遷移元素の特徴**

・最外殻電子の数が1個または2個で，周期表で隣り合う元素どうしでも化学的性質が類似する。

・すべて金属元素であり，典型元素の金属と比べて密度が大きく，融点の高いものが多い。

・複数の酸化数をとる元素が多い。

・化合物やイオンの水溶液が特有の色を示すことが多い。

| 13-2 鉄とその化合物

1 鉄の単体

Ⓐ 鉄の製法

鉄Feは，僕たちが最も多く利用している金属で，世界の生産量は年間1.7×10^9tにもおよびます。想像もつかない桁数ですよね……（笑）

なお，Feの次に生産量が多い金属はアルミニウムAlですが，Feと比べるとその量は一気に少なくなります。

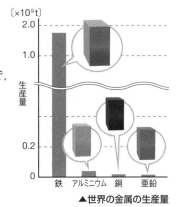

▲世界の金属の生産量

Feは，主に酸化物として鉄鉱石などに含まれています。

なお，鉄鉱石のうち，

酸化鉄(Ⅲ)Fe_2O_3◆を主成分としたものを赤鉄鉱，
（せきてっこう）

四酸化三鉄Fe_3O_4◆を主成分としたものを磁鉄鉱といいます。
（じてっこう）

鉄鉱石からFeの単体を得るまでの流れは，次のようになります。

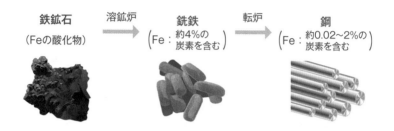

では，具体的に説明していきます！　下図を見ながら聞いてくださいね。

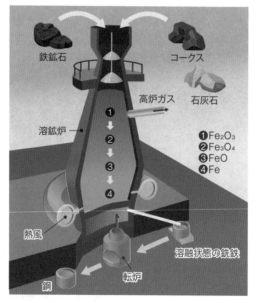

▲鉄の製造

◆ 酸化鉄(Ⅲ)Fe_2O_3は赤さびの主成分，四酸化三鉄Fe_3O_4は黒さびの主成分である。

まず，鉄鉱石をコークス（炭素），石灰石◆1と共に溶鉱炉に入れ，
Feの酸化物を還元します。
このとき，主にコークスの燃焼によって得られた一酸化炭素COが
Feの酸化物を還元して，Feの単体が生成します。

$$\overset{\text{コークス}}{2C} + O_2 \longrightarrow 2\boxed{CO}$$

$$Fe_2O_3 + 3\boxed{CO} \longrightarrow 2Fe + 3CO_2$$

なお，実際には鉄原子の酸化数が +3 → +2 → 0 のように変化していくため，
少し複雑な反応が起こることになりますが，
皆さんは，上の2つの反応式が書けるようにしておいてくれればOKです！

$$\underset{+3}{Fe_2O_3} \rightarrow \underset{+3と+2}{Fe_3O_4}^{◆2} \rightarrow \underset{+2}{FeO} \rightarrow \underset{+0}{Fe}$$

溶鉱炉内で得られた鉄は，約4％程度の炭素を含む鉄であり，
これを**銑鉄**といいます。
銑鉄は，純度の高い鉄と比べると硬くてもろい鉄◆3です。
続けて銑鉄を転炉に移し，空気（酸素）を通じて炭素を酸化し，取り除くと，
炭素含有率が0.02〜2％程度まで下がった高純度の鉄である**鋼**が得られます。

◆1 石灰石$CaCO_3$は，鉄鉱石に含まれるSiO_2やAl_2O_3などをスラグ（$CaSiO_3$やCa(AlO_2)$_2$など）として取り除くために加える。
◆2 四酸化三鉄Fe_3O_4は，Fe^{3+}とFe^{2+}が物質量比2：1の割合で含まれた化合物である。
◆3 銑鉄は，融点が比較的低く鋳物としても利用される。

Ⓑ ステンレス鋼

鉄Feに少量のクロムCrやニッケルNiを混ぜた合金を**ステンレス鋼**といいます。

ステンレス鋼は，**純粋な鉄と比べて極めてさびにくい**といった特徴をもちます。

これは，表面にクロムのち密な酸化被膜が形成されるからです。

ステンレス鋼は，流し台や鍋などに利用されています。

Ⓒ トタンとブリキ

鉄Feの酸化を防ぐために，表面を亜鉛Znでメッキしたものを**トタン**，

スズSnでメッキしたものを**ブリキ**といいます。

トタンは建物の屋根，ブリキは缶詰の内側の部分などに利用されています。

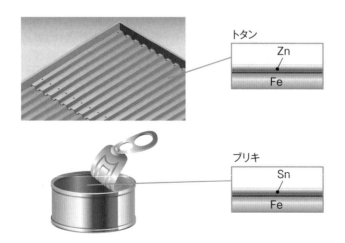

イオン化傾向の大きさが，Zn＞Snであることを踏まえると，

トタンとブリキのうちどちらがより腐食しやすいと思いますか？

イオン化傾向の大きさは，金属の酸化されやすさと捉えることもできるため，

Sn（ブリキ）よりもZn（トタン）の方が酸化されやすいですね。

では，表面に傷がついてメッキが一部はがれ，Feが露出してしまった状態では，

トタンとブリキのうちどちらのFeが先に酸化されるでしょうか？

例えば，Feが露出してしまった部分に水がたまり，酸素O_2が溶け込むと，

トタンでは，イオン化傾向がZn＞Feであるため

Znが先に酸化されFeの腐食を防ぎます。

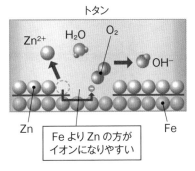

トタン

Zn 表面：$Zn \longrightarrow Zn^{2+} + 2e^-$

Fe 表面：$O_2 + 2H_2O + 4e^- \longrightarrow 4OH^-$

▲トタンに傷がついたときの反応

一方，ブリキではイオン化傾向がFe＞Snであるため，Feが先に酸化されます。

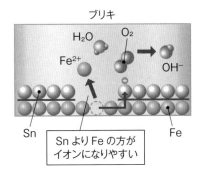

ブリキ

Sn 表面：$O_2 + 2H_2O + 4e^- \longrightarrow 4OH^-$

Fe 表面：$Fe \longrightarrow Fe^{2+} + 2e^-$

▲ブリキに傷がついたときの反応

以上より，傷がつきFeが露出してしまった状態では，

ブリキのFeの方が酸化されやすいため，ブリキの方が腐食しやすいといえます。

このように，トタンとブリキの性質の違いは，

イオン化傾向の大きさ（Zn＞Fe＞Sn）をもとに考えましょう！

2 鉄(Ⅱ)イオンと鉄(Ⅲ)イオン

鉄のイオンには，鉄(Ⅱ)イオンFe^{2+}と鉄(Ⅲ)イオンFe^{3+}が存在します。

なお，空気中ではFe^{3+}の方が安定です。

例えば，鉄Feを希硫酸に加えると，

水素H_2を発生しながらFe^{2+}となって溶け出すのですが，

空気中の酸素が水に溶け込み，次第にFe^{2+}をFe^{3+}に酸化していきます。

少し細かい知識ですが，頭の片隅に入れておいてください。

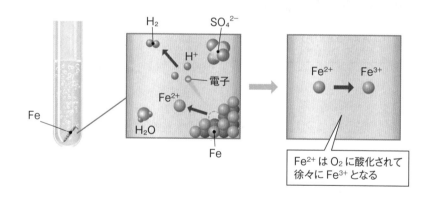

Fe^{2+}はO_2に酸化されて徐々にFe^{3+}となる

では，Fe^{2+}とFe^{3+}の違いについて1つずつ確認していきましょう！

Ⓐ 水溶液と水酸化物の色

Fe^{2+}の水溶液は淡緑色であり，

水酸化ナトリウムNaOH水溶液やアンモニアNH_3水を加えると，

水酸化鉄(Ⅱ)$Fe(OH)_2$の緑白色沈殿が生じます。

一方，Fe^{3+}の水溶液は黄褐色であり，

NaOH水溶液やNH₃水を加えると,
水酸化鉄(Ⅲ)Fe(OH)₃の赤褐色沈殿が生じます。

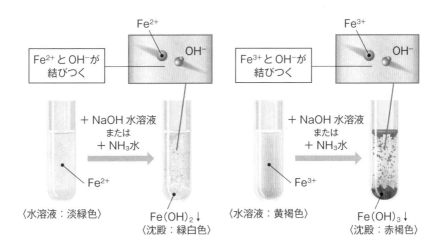

〈水溶液：淡緑色〉

Fe(OH)₂↓
〈沈殿：緑白色〉

〈水溶液：黄褐色〉

Fe(OH)₃↓
〈沈殿：赤褐色〉

❸ 色々な試薬との反応

Fe^{2+}を含む水溶液に
ヘキサシアニド鉄(Ⅲ)酸カリウム$K_3[Fe(CN)_6]$水溶液を加えると,
濃青色沈殿（ターンブル青◆）が生じます。
同様に,Fe^{3+}を含む水溶液に
ヘキサシアニド鉄(Ⅱ)酸カリウム$K_4[Fe(CN)_6]$水溶液を加えると,
濃青色沈殿（ベルリン青◆）が生じます。
この反応は,鉄イオンの検出に利用されています。
ポイントは,
"Fe^{2+}"の検出にはヘキサシアニド"鉄(Ⅲ)"酸カリウム水溶液を用いて
"Fe^{3+}"の検出にはヘキサシアニド"鉄(Ⅱ)"酸カリウム水溶液を用いる
ということです。

◆ ターンブル青とベルリン青は同じ構造の物質である。

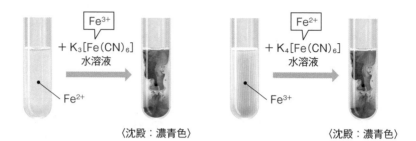

〈沈殿：濃青色〉　　　　　　　〈沈殿：濃青色〉

逆に，Fe^{2+} を含む水溶液に
ヘキサシアニド"鉄(II)"酸カリウム水溶液を加えた場合には青白色沈殿を生じ，
Fe^{3+} を含む水溶液に
ヘキサシアニド"鉄(III)"酸カリウム水溶液を加えた場合には
褐色の溶液になります。
ただし，「検出反応」としては「濃い色」の方が望ましいので，
一般的には，濃青色沈殿を生じる上図の反応を利用します。

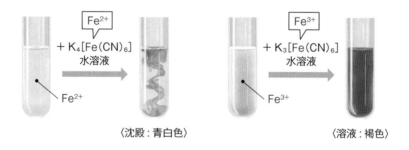

〈沈殿：青白色〉　　　　　　　〈溶液：褐色〉

また，Fe^{3+} を含む水溶液にチオシアン酸カリウム KSCN 水溶液を加えると，
血赤色の溶液になります。
なお，Fe^{2+} を含む水溶液に KSCN 水溶液を加えても，
変化は見られません。

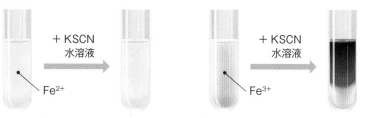

〈変化なし〉　　　　　　　　　　　　　　　　〈溶液：血赤色〉

◆ **鉄の製法**

鉄鉱石 (Feの酸化物)	→ 溶鉱炉	銑鉄 (Fe：約4%の 炭素を含む)	→ 転炉	鋼 (Fe：約0.02〜2%の 炭素を含む)

◆ **ステンレス鋼**

鉄を主成分とした合金で，少量のクロムやニッケルを含む。表面にクロムのち密な酸化被膜が形成されるため，純粋な鉄と比べて極めてさびにくい。

◆ **トタンとブリキ**

トタン ➡ 鉄の表面に亜鉛 Zn をメッキしたもの
ブリキ ➡ 鉄の表面にスズ Sn をメッキしたもの
イオン化傾向の大きさが Zn>Fe>Sn のため，表面に傷がつき，鉄が露出した状態では，トタンは鉄よりも先に亜鉛が酸化され，ブリキはスズよりも先に鉄が酸化される。

◆ **鉄イオンの反応**

	NaOH水溶液， または NH₃水	ヘキサシアニド 鉄(Ⅲ)酸カリウム 水溶液	ヘキサシアニド 鉄(Ⅱ)酸カリウム 水溶液	チオシアン酸 カリウム水溶液
Fe²⁺水溶液 （淡緑色）	緑白色沈殿↓	濃青色沈殿↓	青白色沈殿↓	変化なし
Fe³⁺水溶液 （黄褐色）	赤褐色沈殿↓	褐色溶液	濃青色沈殿↓	血赤色溶液

13-3 銅とその化合物

1 単体

Ⓐ 製法

銅 Cu は，鉄 Fe やアルミニウム Al と比べてイオン化傾向が小さいため，
天然に単体のまま存在している場合もありますが，
大部分は化合物として黄銅鉱（主成分 $CuFeS_2$）などに含まれています。
Cu の単体を得るまでの流れは次のとおりです。

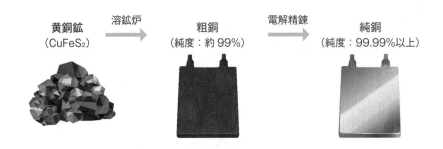

黄銅鉱　　　　溶鉱炉　　　　　粗銅　　　　　電解精錬　　　　　純銅
（$CuFeS_2$）　　　　　　　（純度：約99%）　　　　　　　（純度：99.99%以上）

まず，黄銅鉱を空気と共に溶鉱炉で加熱し，鉄や硫黄成分を除去すると，
粗銅が得られます。粗銅は純度約99％程度の銅で，少量の不純物を含みます。
粗銅に含まれる不純物としては，
Cu よりもイオン化傾向が大きい亜鉛 Zn，鉄 Fe，ニッケル Ni などと，
Cu よりもイオン化傾向が小さい銀 Ag，金 Au などがあります。

続けて，粗銅に含まれるこれらの不純物を取り除き，
高純度の銅を得るのですが，銅の製法に関してはここが重要です！
詳しく説明していきますね。
次ページの図のように，粗銅板を陽極，純銅板を陰極にして電源とつなぎ，
両電極を硫酸酸性の硫酸銅(Ⅱ)水溶液に入れて電気分解を行います。

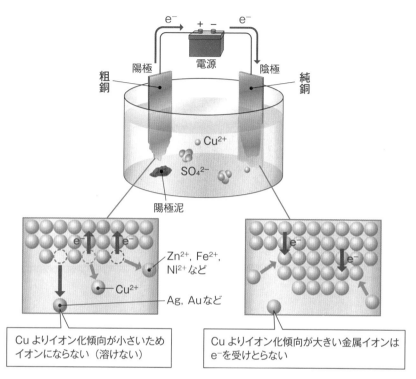

▲銅の電解精錬

すると，粗銅板ではCuがCu²⁺となって溶け出すと共に，
Cuよりもイオン化傾向の大きい金属（Zn，Fe，Niなど）も陽イオンとなって
溶け出していきます。

$$陽極：Cu \rightarrow Cu^{2+} + 2e^- \qquad Zn \rightarrow Zn^{2+} + 2e^-$$
$$Fe \rightarrow Fe^{2+} + 2e^- \qquad Ni \rightarrow Ni^{2+} + 2e^- \quad など$$

一方，Cuよりもイオン化傾向が小さい金属（Ag，Auなど）は，
溶けることなく単体のまま陽極の下に沈殿します。
なお，この沈殿物を**陽極泥**といいます。

粗銅中のZn, Fe, NiなどはCuと共に溶けていき,
Ag, Auなどは単体のまま沈殿する！

また，純銅板ではCu^{2+}がCuとなって析出します。

このとき，Cu^{2+}よりもイオン化傾向が大きいZn^{2+}，Fe^{2+}，Ni^{2+}などは
溶液中に残り，析出することはないので注意しましょう！

$$陰極：Cu^{2+} + 2e^- \rightarrow Cu$$

この電気分解によって，

粗銅板から純銅板へ銅だけを移動させることができるのです。

これを銅の**電解精錬**といいます。

❸ 性質

銅Cuは，銀Agや金Auと同じく周期表の11族元素です。

11族元素の性質として覚えておいてほしいことは，金属の中でも

特に電気や熱をよく通し，また，展性や延性に富むということです。

ちなみに，電気や熱の伝導性は銀が一番，展性や延性は金が一番です！

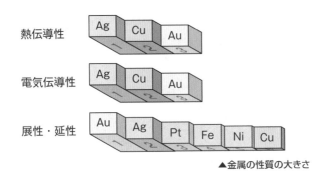

▲金属の性質の大きさ

銅はこれらの性質を利用して，

電線などの電気材料，また，調理器具や熱交換器などに利用されています。

◆さび

乾燥した空気中において，銅は酸化されにく
く，さびにくいのですが，湿った空気中に放
置すると，緑青（ろくしょう）（$CuCO_3 \cdot Cu(OH)_2$）を生じ
ます。これが，銅のさびの原因となる
物質です。

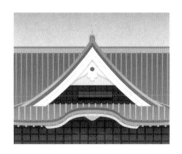

◆合金

銅と亜鉛の合金は黄銅（おうどう）（または真鍮（しんちゅう）），銅とスズの合金は青銅（せいどう）（またはブロン
ズ），銅とニッケルの合金は白銅（はくどう）と呼ばれ，それぞれ金管楽器，銅像，50円硬貨・
100円硬貨などに利用されています。

▲黄銅(Cu + Zn)　　　　▲青銅(Cu + Sn)　　　　▲白銅(Cu + Ni)

ⓅOINT

◆ **銅の電解精錬**

粗銅を陽極，純銅を陰極にして硫酸酸性の硫酸銅(Ⅱ)水溶液を電気分解する。

陽極（粗銅板）：$Cu \rightarrow Cu^{2+} + 2e^-$　　　$Zn \rightarrow Zn^{2+} + 2e^-$
　　　　　　　　$Fe \rightarrow Fe^{2+} + 2e^-$　　　$Ni \rightarrow Ni^{2+} + 2e^-$ など
　　　　　　　　※Ag や Au などは陽極泥として沈殿する。

陰極（純銅板）：$Cu^{2+} + 2e^- \rightarrow Cu$

◆ **さび**

銅を湿った空気中に放置すると，緑青（$CuCO_3 \cdot Cu(OH)_2$）を生じる。

◆ **合金**

	成分	用途
黄銅（真鍮）	銅と亜鉛	金管楽器，5円硬貨など
青銅（ブロンズ）	銅とスズ	銅像，10円硬貨など
白銅	銅とニッケル	50円硬貨・100円硬貨など

② 化合物

❹ 酸化物

銅の化合物には，銅原子の酸化数が +1 の化合物と +2 の化合物が存在しますが，
+2 の方が安定です。

銅の単体を空気中で加熱すると，

1000℃以下では黒色の酸化銅(Ⅱ)CuO が生成しますが，

1000℃以上では赤色の酸化銅(Ⅰ)Cu_2O が生成します。

▲酸化銅(II)CuO   ▲酸化銅(I)Cu₂O

Ⓑ 硫酸銅(Ⅱ)

硫酸銅(Ⅱ)$CuSO_4$は白色の結晶ですが，硫酸銅(Ⅱ)の飽和水溶液を冷却すると，
青色の硫酸銅(Ⅱ)五水和物$CuSO_4 \cdot 5H_2O$が析出します。
硫酸銅(Ⅱ)五水和物を加熱していくと，徐々に水和水が失われ，
150℃以上では白色の硫酸銅(Ⅱ)無水物$CuSO_4$となります。

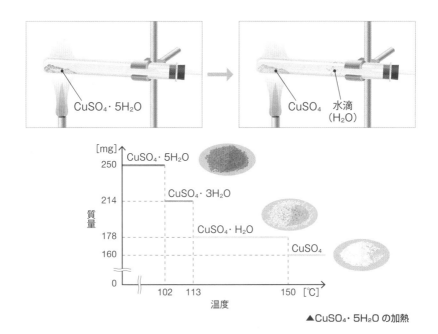

▲$CuSO_4 \cdot 5H_2O$ の加熱

なお，硫酸銅(Ⅱ)無水物は，水分を吸収すると再び水和物となり
青色に変色するため，水の検出に利用されています。

ⓒ 水酸化銅(Ⅱ)

水酸化銅(Ⅱ)$Cu(OH)_2$は水に溶けにくい青白色の結晶で，
銅(Ⅱ)イオンCu^{2+}を含む水溶液に水酸化ナトリウム$NaOH$や
アンモニアNH_3などの塩基の水溶液を加えると生じます。
また，$Cu(OH)_2$は多量のNH_3の存在下では
テトラアンミン銅(Ⅱ)イオン〔$Cu(NH_3)_4$〕$^{2+}$（深青色）となるため，
$Cu(OH)_2$にNH_3水をさらに加えると溶解します。

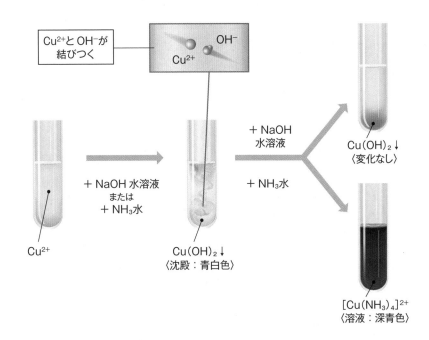

なお，p.217では，水酸化アルミニウム$Al(OH)_3$の沈殿は，
"多量の$NaOH$水溶液"を加えると溶解することを学習しましたが，
$Cu(OH)_2$の場合は"多量のNH_3水"を加えると溶解します。
$Cu(OH)_2$は，"多量の$NaOH$水溶液"を加えても溶解しないので，

気をつけましょう！

$[Cu(NH_3)_4]^{2+}$ などの錯イオンについては，Chapter 14 で詳しく説明しますね！

Chapter 13　一問一答

1 鉄

- □□□　⑴ 鉄鉱石中の赤鉄鉱および磁鉄鉱の主成分を，それぞれ化学式で答えよ。
- □□□　⑵ 溶鉱炉内で，鉄鉱石とコークスを反応させることで得られる約4%の炭素を含む鉄を何というか答えよ。
- □□□　⑶ ⑵の鉄を転炉に入れて空気を送り込むことで，炭素の含有量を約0.02〜2%まで下げた鉄を何というか答えよ。
- □□□　⑷ FeO，Fe_2O_3，Fe_3O_4 に含まれる鉄原子の酸化数をそれぞれ答えよ。なお，複数の酸化数の鉄原子が含まれる場合は，その物質量比を答えよ。
- □□□　⑸ 鉄の表面を亜鉛またはスズでメッキしたものを，それぞれ何というか答えよ。
- □□□　⑹ ⑸で答えた物質のうち，表面に傷がつき，鉄が露出した状態で，鉄の腐食が遅いのはどちらか。また，その理由を簡潔に説明せよ。
- □□□　⑺ Fe^{2+} を含む水溶液にヘキサシアニド鉄(Ⅲ)酸カリウム水溶液を加えると，どのような変化が見られるか答えよ。
- □□□　⑻ Fe^{3+} を含む水溶液に水酸化ナトリウム水溶液を加えると，どのような変化が見られるか答えよ。
- □□□　⑼ Fe^{3+} を含む水溶液にチオシアン酸カリウム水溶液を加えると，どのような変化が見られるか答えよ。

2 銅

- □□□　⑴ 粗銅から純銅を得るために行う電気分解を何というか答えよ。
- □□□　⑵ 亜鉛，銀，ニッケル，金が粗銅に含まれるとき，これらの金属のうち，⑴の電気分解で水溶液中に溶け出す金属はどれか答えよ。
- □□□　⑶ ⑴の電気分解で，粗銅の下にたまる金属の沈殿物を何と呼ぶか答えよ。
- □□□　⑷ 銅を湿った空気中に放置すると，徐々にさびて緑色になる。このとき生じた物質の名称を答えよ。
- □□□　⑸ 黄銅，青銅，白銅に含まれる，銅以外の金属の名称をそれぞれ答えよ。
- □□□　⑹ 銅を空気中で加熱すると，1000℃以下では酸化物Aが得られる。酸化物Aの名称と化学式を答えよ。
- □□□　⑺ 銅(Ⅱ)イオンを含む水溶液にアンモニア水を十分な量加えていったときの変化を簡潔に説明せよ。
- □□□　⑻ 銅(Ⅱ)イオンを含む水溶液に水酸化ナトリウム水溶液を十分な量加えていったときの変化を簡潔に説明せよ。

⬛1 鉄

参考

(1) 赤鉄鉱……Fe_2O_3，磁鉄鉱……Fe_3O_4 ▶ p.230

(2) 銑鉄   ▶ p.231

(3) 鋼   ▶ p.231

(4) FeO……＋2，Fe_2O_3……＋3，Fe_3O_4……$Fe^{3+}:Fe^{2+}＝2:1$ ▶ p.231

(5) 亜鉛でメッキしたもの……トタン   ▶ p.232
   スズでメッキしたもの……ブリキ

(6) トタン   ▶ p.233
   理由……亜鉛は鉄よりもイオン化傾向が大きいため，鉄よりも先に
       亜鉛が酸化されるから。

(7) 濃青色沈殿が生じる。   ▶ p.235

(8) 赤褐色沈殿が生じる。   ▶ p.235

(9) 血赤色の溶液になる。   ▶ p.236

⬛2 銅

(1) 電解精錬   ▶ p.240

(2) 亜鉛，ニッケル   ▶ p.239

(3) 陽極泥   ▶ p.239

(4) 緑青   ▶ p.241

(5) 黄銅……亜鉛，青銅……スズ，白銅……ニッケル   ▶ p.241

(6) 名称……酸化銅(Ⅱ)，化学式……CuO ▶ p.242

(7) 少量加えた時点では青白色沈殿を生じ，多量に加えると沈殿が溶解   ▶ p.244
   して深青色の水溶液になる。

(8) 少量加えた時点で青白色沈殿を生じ，多量に加えても沈殿は溶解し   ▶ p.244
   ない。

確認テスト

問1 次の文章を読み，下の問いに答えよ。

単体の鉄は，酸化鉄を含む鉄鉱石から溶鉱炉を用いて取り出される。鉄鉱石，コークスおよび石灰石を溶鉱炉に入れて熱風を吹き込むと，主にコークスの燃焼で生じた(a)一酸化炭素によって，酸化鉄が還元されて鉄が生じる。ここで得られた鉄は炭素を約4%含み，　ア　と呼ばれ，硬くてもろい。炭素を0.02～2%に減らした鉄は，　イ　と呼ばれ，硬くて強い。鉄は，塩酸に溶けて(b)鉄(Ⅱ)イオン Fe^{2+} となるが，空気中に放置すると，徐々に酸化されて鉄(Ⅲ)イオン Fe^{3+} となる。

(1) 　ア　と　イ　に当てはまる語句を答えよ。

(2) 下線部(a)の反応について，化学反応式を答えよ。ただし，酸化鉄は酸化鉄(Ⅲ) Fe_2O_3 のみであるとしてよい。

(3) 下線部(b)に関連して，Fe^{2+} を含む水溶液には当てはまらず，Fe^{3+} を含む水溶液に当てはまる記述を，次の①～④の中からすべて選び番号で答えよ。

① 水溶液の色は，淡緑色である。
② 水酸化ナトリウム水溶液を加えると，赤褐色の沈殿を生じる。
③ チオシアン酸カリウム水溶液を加えると，血赤色の水溶液になる。
④ ヘキサシアニド鉄(Ⅲ)酸カリウム水溶液を加えると，濃青色の沈殿を生じる。

問2 次の文章を読み，下の問いに答えよ。

天然には，銅の多くが黄銅鉱などに化合物として含まれている。黄銅鉱を溶鉱炉で空気と共に加熱して，鉄や硫黄分を除くと　ア　（純度約99%）が得られる。次に　ア　板を　イ　極，純銅板を　ウ　極として，硫酸酸性の硫酸銅(Ⅱ)水溶液に入れて電気分解を行うと，　ウ　極では純銅（純度99.99%）が得られる。このとき，(a)銅よりイオン化傾向が小さい金属は　イ　極の下に沈殿する。この沈殿を　エ　という。このような粗銅から純銅を得る操作を銅の　オ　という。単体の銅は，塩酸や希硫酸とは反応しないが，　カ　力の強い硝酸や熱濃硫酸とは反応する。熱濃硫酸と反応したあとの水溶液から結晶を析出させると，(b)青色結晶が得られる。

(1) 　ア　～　カ　に当てはまる語句を答えよ。

(2) 下線部(a)について，粗銅板に不純物として亜鉛，銀，金，鉄，ニッケルが含まれているとき，沈殿する金属をすべて選び元素記号で答えよ。

(3) 下線部(b)の結晶の化学式を答えよ。また，この結晶を加熱したとき，徐々に青色が薄くなり，やがて得られる白色結晶の化学式を答えよ。

問1 (1) 空欄に当てはまる語句は，それぞれ次のとおりです。鉄の製法は，金属の製法に関する問題の中で頻出のテーマなので，登場する物質をしっかりと覚えておきましょう！

答 ア：銑鉄　　イ：鋼

(2) 溶鉱炉の中では，まず，コークスの燃焼によって一酸化炭素が生成します。

$2C + O_2 \rightarrow 2CO$

続けて，一酸化炭素が酸化鉄を還元して鉄の単体が得られます。酸化鉄を Fe_2O_3 とした場合の反応式は，次のようになりますね。

答 $Fe_2O_3 + 3CO \rightarrow 2Fe + 3CO_2$

(3) 鉄イオンの反応は，下図のようにまとめられます。

	水酸化ナトリウム水溶液，またはアンモニア水	ヘキサシアニド鉄(Ⅲ)酸カリウム水溶液	ヘキサシアニド鉄(Ⅱ)酸カリウム水溶液	チオシアン酸カリウム水溶液
Fe^{2+}水溶液（淡緑色）	緑白色沈殿↓	濃青色沈殿↓	青白色沈殿↓	変化なし
Fe^{3+}水溶液（黄褐色）	赤褐色沈殿↓	褐色溶液	濃青色沈殿↓	血赤色溶液

答 ②，③

問2 (1) 空欄に当てはまる語句は，それぞれ次のとおりです。銅の電解精錬は，「粗銅」と「純銅」を「陽極」と「陰極」のどちらに用いているか，各電極ではどのような現象が起こっているのかを理解することがとても大切です。忘れてしまった人は，p.238 に戻って確認しておきましょう！

答 ア：粗銅　イ：陽　ウ：陰　エ：陽極泥　オ：電解精錬　カ：酸化

(2) 粗銅板（陽極）の下に沈殿するのは，銅よりもイオン化傾向が小さい金属の単体です。よって，この中では銀と金が該当します。　　答 Ag, Au

(3) 銅が熱濃硫酸に溶解すると，二酸化硫黄が発生し，硫酸銅(Ⅱ)水溶液が得られます。この水溶液を冷却すると，硫酸銅(Ⅱ)五水和物の青色の結晶が析出します。

答 $CuSO_4 \cdot 5H_2O$

また，硫酸銅(Ⅱ)五水和物 $CuSO_4 \cdot 5H_2O$ を加熱していくと，徐々に水分が抜けていき，$CuSO_4 \cdot 3H_2O$，$CuSO_4 \cdot H_2O$ を経て，やがて硫酸銅(Ⅱ)無水物の白色結晶が得られます。　　答 $CuSO_4$

Chapter **14** # 金属イオンの分析

いよいよ最終章ですね。

この章では，金属イオンの沈殿と錯イオンの形成について学習していきます！

無機化学の「金属元素」の中では，

最もよく出題されるテーマなので，頑張って理解してくださいね！

14-1 金属イオンの沈殿

塩化ナトリウム $NaCl$ は水に溶けやすく，塩化銀 $AgCl$ は水に溶けにくい塩です。

これは，別の見方をすると，

Cl^- は水溶液中で Na^+ とは結びつかないが，

Ag^+ とは結びついて沈殿しやすいということです。

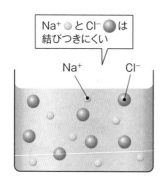

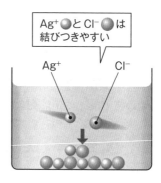

このように，水溶液中で陽イオンと陰イオンが出会ったとき，

"プラス＋" と **"マイナス−"** は必ず引き合い，結びつくというわけではありません。

どの陽イオンとどの陰イオンが結びつき沈殿しやすいのかを
ある程度覚える必要があるのです。
では，沈殿しやすい陽イオンと陰イオンのペアを，
陰イオンごとに確認していきましょう！

1 塩化物イオンCl⁻

Cl^-と沈殿をつくる金属イオンは，**Ag^+とPb^{2+}**です。
よって，Ag^+やPb^{2+}を含む水溶液に
塩酸などのCl^-を含む溶液を加えると，
それぞれ$AgCl$（白），$PbCl_2$（白）の沈殿を生じます。
ただし，**$PbCl_2$は熱水には溶けてしまいます**。

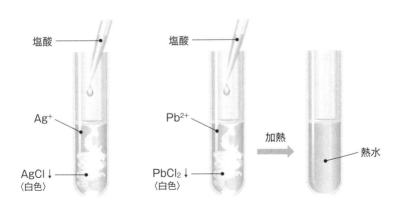

なお，この分野では**沈殿の「色」を覚えること**が重要です！
「色」を覚えるのに苦労する生徒は多いですが，
本書ではフルカラーで見ていきますので，視覚的に覚えていきましょう！

2 硫酸イオンSO₄²⁻

SO_4^{2-}と沈殿をつくる金属イオンは，**Ba^{2+}，Ca^{2+}，Pb^{2+}**です。
よって，Ba^{2+}，Ca^{2+}，Pb^{2+}を含む水溶液に

硫酸などのSO_4^{2-}を含む溶液を加えると，

それぞれ$BaSO_4$（**白**），$CaSO_4$（**白**），$PbSO_4$（**白**）の沈殿を生じます。

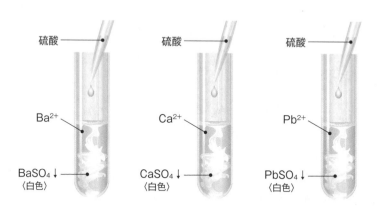

3 クロム酸イオンCrO_4^{2-}

CrO_4^{2-}と沈殿をつくる金属イオンは，**Ag^+**，**Ba^{2+}**，**Pb^{2+}**です。

よって，Ag^+，Ba^{2+}，Pb^{2+}を含む水溶液に

クロム酸カリウムK_2CrO_4水溶液などのCrO_4^{2-}を含む溶液を加えると，

それぞれAg_2CrO_4（暗赤），$BaCrO_4$（黄），$PbCrO_4$（黄）◆の沈殿を生じます。

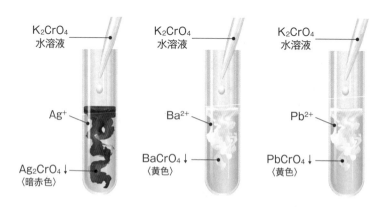

◆ 一般に，遷移元素を含む化合物には有色のものが多い。

ここで，クロム酸イオンCrO_4^{2-}の性質について少し触れておきますね。

CrO_4^{2-}の水溶液は黄色を呈しているのですが，

この水溶液に酸を加えて酸性にすると，

二クロム酸イオン$Cr_2O_7^{2-}$が生じて橙赤色に変化します。

また，$Cr_2O_7^{2-}$の水溶液に塩基を加えて塩基性にすると，

再びCrO_4^{2-}が生じて水溶液は黄色に戻ります。

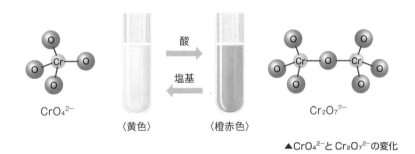

▲CrO_4^{2-}と$Cr_2O_7^{2-}$の変化

4 炭酸イオンCO_3^{2-}

CO_3^{2-}と沈殿をつくる金属イオンは，**Ba^{2+}とCa^{2+}** [1] です。

よって，Ba^{2+}，Ca^{2+}を含む水溶液に二酸化炭素CO_2 [2] を吹き込む，

もしくはCO_3^{2-}を含む溶液を加えると，

それぞれ$BaCO_3$（白），$CaCO_3$（白）の沈殿を生じます。

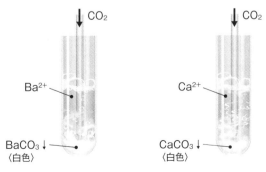

[1] 実際には，アルカリ金属以外の金属イオンはすべてCO_3^{2-}と沈殿をつくる。ただし，大学入試で主に問われるのは，Ba^{2+}とCa^{2+}である。

[2] 二酸化炭素を水溶液に吹き込むと，$CO_2 + H_2O \rightarrow H_2CO_3$のように炭酸$H_2CO_3$を生じる。

5 硫化物イオン S^{2-}

S^{2-}と沈殿をつくる金属イオンは，
金属のイオン化傾向の大きさ（イオン化列）をもとに覚えるようにしましょう！

⼤
Li　　K　Ca Na Mg Al Zn Fe Ni Sn Pb
リッチに 貸そう か な ま ぁ あ て に すん な
⼩
(H$_2$) Cu Hg Ag Pt Au
ひ ど すぎる 借 金

まず，イオン化列で"Li～Mg"の金属イオンは S^{2-}と沈殿をつくりません。

次に，"Al～Ni"の金属イオンは，
水溶液中に S^{2-}が比較的多く存在すれば S^{2-}と沈殿をつくります◆が，
S^{2-}が少ししか存在しないと沈殿をつくりません。

少し複雑になるので，ていねいに説明していきますね，
硫化水素 H$_2$S を水溶液に吹き込むと，
その一部が次のように電離して，S^{2-}を生じます。

$$H_2S \rightleftharpoons 2H^+ + S^{2-} \quad \cdots (*)$$

その結果，中性や塩基性のときは比較的多くの S^{2-}が生じるのですが，
酸性のときは，ルシャトリエの原理より，
（＊）式が左に移動し，S^{2-}の量が減少します。
つまり，先ほどの説明を言い換えると，
"Al～Ni"の金属イオンは，
水溶液が「中性または塩基性」であれば S^{2-}と沈殿をつくります◆が，
酸性では沈殿をつくりません。

例えば，Zn^{2+}や Fe^{2+}を含む中性，または塩基性の水溶液に

◆ Al$_2$S$_3$はすぐに加水分解され，Al(OH)$_3$〈白色〉となる。

硫化水素H_2Sを吹き込むと，それぞれ硫化物の沈殿を生じます。

なお，硫化物の沈殿はほとんどが「黒色」ですが，

例外的に，硫化亜鉛ZnSは白色です。

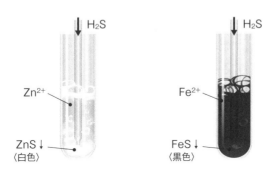

最後に，"**Sn〜Au**"の金属イオンは，

水溶液の液性によらずS^{2-}と沈殿をつくります。

例えば，Pb^{2+}やCu^{2+}，Ag^+を含む水溶液にH_2Sを吹き込むと，

それぞれ硫化物の黒色沈殿を生じます。

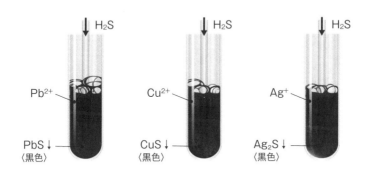

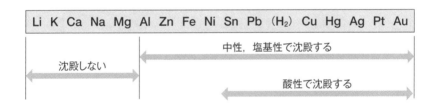

6 水酸化物イオン OH^-

OH^- と沈殿をつくる金属イオンは,

アルカリ金属（Li，Na，K…），アルカリ土類金属（Ca，Sr，Ba…）以外の金属イオンすべてです。

よって，アルカリ金属，アルカリ土類金属以外の金属イオンを含む水溶液に水酸化ナトリウム $NaOH$ 水溶液やアンモニア NH_3 水を加えると，

それぞれ水酸化物の沈殿を生じます。

なお，**水酸化物の沈殿はほとんどが「白色」ですが，**

遷移元素の水酸化物は有色のものが多いので気をつけましょう。

少し多いですが，次の水酸化物の色は覚えておいてください！

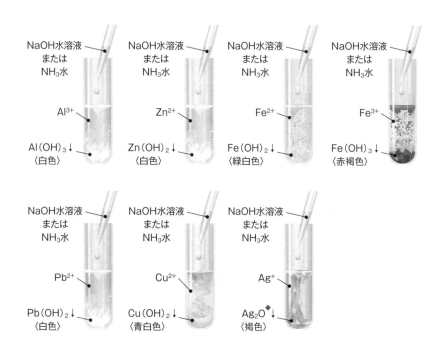

NaOH水溶液またはNH₃水　Al³⁺　Al(OH)₃↓〈白色〉

NaOH水溶液またはNH₃水　Zn²⁺　Zn(OH)₂↓〈白色〉

NaOH水溶液またはNH₃水　Fe²⁺　Fe(OH)₂↓〈緑白色〉

NaOH水溶液またはNH₃水　Fe³⁺　Fe(OH)₃↓〈赤褐色〉

NaOH水溶液またはNH₃水　Pb²⁺　Pb(OH)₂↓〈白色〉

NaOH水溶液またはNH₃水　Cu²⁺　Cu(OH)₂↓〈青白色〉

NaOH水溶液またはNH₃水　Ag⁺　Ag₂O↓◆〈褐色〉

◆ AgOHは $2AgOH \rightarrow Ag_2O + H_2O$ のように脱水し，酸化銀(I) Ag_2O〈褐色〉となる。

陰イオン	金属イオン		沈殿の色
Cl^-	Ag^+, Pb^{2+}		$AgCl$(白), $PbCl_2$(白)
SO_4^{2-}	Ba^{2+}, Ca^{2+}, Pb^{2+}		$BaSO_4$(白), $CaSO_4$(白), $PbSO_4$(白)
CrO_4^{2-}	Ag^+, Ba^{2+}, Pb^{2+}		Ag_2CrO_4(暗赤), $BaCrO_4$(黄), $PbCrO_4$(黄)
CO_3^{2-}	Ba^{2+}, Ca^{2+}		$BaCO_3$(白), $CaCO_3$(白)
S^{2-}	中性, 塩基性	イオン化列 "Al〜Au" の金属イオン	ZnS(白), FeS(黒), PbS(黒), CuS(黒), Ag_2S(黒) など
	酸性	イオン化列 "Sn〜Au" の金属イオン	
OH^-	アルカリ金属, アルカリ土類金属以外の金属イオンすべて		$Al(OH)_3$(白), $Zn(OH)_2$(白), $Pb(OH)_2$(白), $Fe(OH)_2$(緑白), $Fe(OH)_3$(赤褐), $Cu(OH)_2$(青白), Ag_2O(褐) など

覚え方のゴロを以下に紹介しておきますので，参考にしてください！

◆ Cl^- と沈殿をつくる金属イオン

➡ Ag^+, Pb^{2+}

<u>塩入りの</u>　<u>銀</u>　<u>杏</u>
Cl^-　　Ag^+　Pb^{2+}

◆ SO_4^{2-} と沈殿をつくる金属イオン

➡ Ba^{2+}, Ca^{2+}, Pb^{2+}

<u>リュウさん</u>　<u>バ</u>　<u>カ</u>　<u>なまり</u>
SO_4^{2-}　Ba^{2+}　Ca^{2+}　Pb^{2+}

◆ CrO_4^{2-}と沈殿をつくる金属イオン

➡ Ag^+, Ba^{2+}, Pb^{2+}

<u>黒オウム</u>　<u>銀行の</u>　<u>バイト</u>　<u>怠ける</u>
CrO_4^{2-}　Ag^+　Ba^{2+}　Pb^{2+}

◆ CO_3^{2-}と沈殿をつくる金属イオン

➡ Ba^{2+}, Ca^{2+}

<u>炭酸</u>　飲んだ　お　<u>バ</u>　<u>カ</u>
CO_3^{2-}　　　　　Ba^{2+}　Ca^{2+}

14-2 錯イオン

1 錯イオン

塩化銀$AgCl$の沈殿にアンモニアNH_3水を加えると，
沈殿が溶解し透明な水溶液になります。

これは，**銀イオンAg^+**と**NH_3**が結びつき，
"カタマリのイオン$[Ag(NH_3)_2]^+$"を形成したためです。

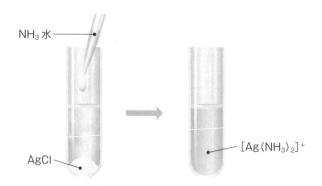

NH_3水 ——

$AgCl$ ——

$[Ag(NH_3)_2]^+$

$[Ag(NH_3)_2]^+$は，<u>NH_3分子中の窒素原子がもつ非共有電子対</u>が，
<u>銀イオンAg^+</u>に**配位結合**することで形成されます。

このようにしてできた「カタマリのイオン」を**錯イオン**といいます。

錯イオンにおいて，金属イオンに配位結合する分子や陰イオンを**配位子**，

その数を**配位数**◆といいます。

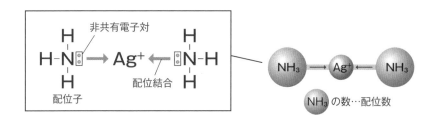

錯イオンの化学式は「中心金属 ➡ 配位子 ➡ 配位数」の順に書き，

名称は「配位数◆ ➡ 配位子 ➡ 中心金属」の順につけられています。

配位子の名称は，**3**で確認しますね。

また，錯イオンの電荷は，

錯イオンを構成する金属イオンと配位子がもつ電荷の総和になります。

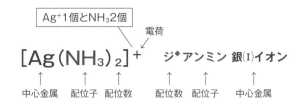

また，錯イオンが陰イオンになる場合は，「〜酸イオン」と命名します。

◆ ギリシャ数字で，1はmono（モノ），2はdi（ジ），3はtri（トリ），4はtetra（テトラ），5はpenta（ペンタ），
6はhexa（ヘキサ）という。

259

金属イオンの分析 Chapter 14

2 配位数と形

一般に，**配位数は金属イオンの価数の2倍**であることが多いです。

例えば，Ag^+は「1価」の陽イオンなので，配位数は"2"です。

金属イオン	Ag^+など	Zn^{2+}，Cu^{2+}など	Fe^{3+}など
配位数	2	4	6

また，**錯イオンの形は配位数によって決まり**，

例えば，配位数"2"の $[Ag(NH_3)_2]^+$は直線形です。

また，配位数"4"の錯イオンはほとんどの場合，正四面体形ですが，

正方形のものも存在します。

そして，配位数"6"の錯イオンは正八面体形です。

配位数"2" ➡ 直線形　例 $[Ag(NH_3)_2]^+$

配位数"4" ➡ 正四面体形　例 $[Zn(OH)_4]^{2-}$

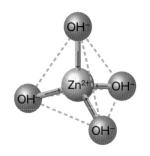

配位数 "4" ➡ 正方形　　例 $[Cu(NH_3)_4]^{2+}$

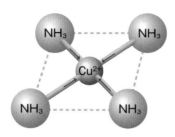

配位数 "6" ➡ 正八面体形　　例 $[Fe(CN)_6]^{3-}$

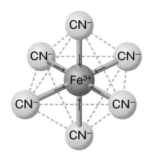

3 色々な錯イオン

錯イオンの配位子になる分子や陰イオンには，次のようなものがあります。
<u>すべて非共有電子対をもっていることが大事な特徴</u>ですね。
また，配位子の名称も一緒に覚えましょう！

では，それぞれの配位子と錯イオンをつくる金属イオンを
整理しておきましょう！

P OINT

◆ アンモニア NH_3 分子と錯イオンをつくる金属イオン
　➡ Ag^+, Cu^{2+}, Zn^{2+}

金属イオン	配位数	化学式（名称）	形状
Ag^+	2	$[Ag(NH_3)_2]^+$ ジアンミン銀(Ⅰ)イオン	直線形
Cu^{2+}	4	$[Cu(NH_3)_4]^{2+}$ (深青) テトラアンミン銅(Ⅱ)イオン	正方形
Zn^{2+}	4	$[Zn(NH_3)_4]^{2+}$ テトラアンミン亜鉛(Ⅱ)イオン	正四面体形

◆ 水酸化物イオン OH^- と錯イオンをつくる金属イオン
　➡ 両性金属の金属イオン（Al^{3+}, Zn^{2+}, Sn^{2+}, Pb^{2+}）

金属イオン	配位数	化学式（名称）	形状
Al^{3+}	6	$[Al(OH)_4]^-$ ◆ テトラヒドロキシドアルミン酸イオン	正八面体形
Zn^{2+}	4	$[Zn(OH)_4]^{2-}$ テトラヒドロキシド亜鉛(Ⅱ)酸イオン	正四面体形
Sn^{2+}	4	$[Sn(OH)_4]^{2-}$ テトラヒドロキシドスズ(Ⅱ)酸イオン	正四面体形
Pb^{2+}	4	$[Pb(OH)_4]^{2-}$ テトラヒドロキシド鉛(Ⅱ)酸イオン	正四面体形

◆ 実際には，Al^{3+} に4個の OH^- と2個の H_2O が配位結合した錯イオン $[Al(OH)_4(H_2O)_2]^-$ で配位数は6であるが，
　通常，"H_2O" は省略して表すため，$[Al(OH)_4]^-$ のように表記される。

◆ シアン化物イオン CN⁻と錯イオンをつくる金属イオン
　➡ Fe^{2+}, Fe^{3+}

金属イオン	配位数	化学式（名称）	形状
Fe^{2+}	6[◆1]	$[Fe(CN)_6]^{4-}$（黄） ヘキサシアニド鉄(II)酸イオン	正八面体形
Fe^{3+}	6	$[Fe(CN)_6]^{3-}$（黄） ヘキサシアニド鉄(III)酸イオン	正八面体形

◆ チオ硫酸イオン $S_2O_3^{2-}$と錯イオンをつくる金属イオン
　➡ Ag^+

金属イオン	配位数	化学式（名称）	形状
Ag^+	2	$[Ag(S_2O_3)_2]^{3-}$[◆2] ビスチオスルファト銀(I)酸イオン	直線形

14-3 沈殿と再溶解

この分野の問題を解くとき，

「沈殿」と「錯イオンの形成」の両方を考える必要があるため，

よく混乱してしまっている生徒を見かけます。

例えば，Al^{3+}はOH⁻と$Al(OH)_3$の沈殿をつくります（**14-1** **POINT**）。

一方で，Al^{3+}はOH⁻と$[Al(OH)_4]^-$の錯イオンもつくります（**14-2** **POINT**）。

これは，「OH⁻の量」によって変わると考えてください。

Al^{3+}を含む水溶液に**少量のOH⁻**を加えた場合は$Al(OH)_3$として**沈殿**し，

多量のOH⁻を加えた場合は$[Al(OH)_4]^-$となって**再び溶解**します。

なお，OH⁻を加えるときは，

水酸化ナトリウム NaOH水溶液やアンモニア NH_3水を用いますが，

◆1 Fe^{2+}は2価の陽イオンだが，例外で，配位数は6である。
◆2 「ジスルファト」としてしまうと，硫酸イオンの2つのO原子が1つのS原子になった"$S_3O_2^{2-}$"を表すため，この場合は2の倍数を表す「ビス」を用いる。

NH₃は弱塩基であり電離度が小さいため，
多量に加えてもOH⁻の錯イオンをつくることはありません。
これは，p.217でも確認した内容ですね。

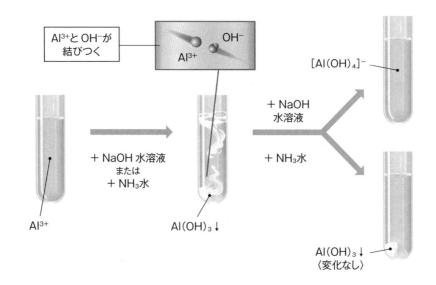

また，Cu^{2+}はOH⁻とCu(OH)₂の沈殿をつくり（**14-1** Ⓟ**OINT**），
一方で，NH₃と[Cu(NH₃)₄]²⁺の錯イオンをつくります（**14-2** Ⓟ**OINT**）。
よって，Cu^{2+}を含む水溶液に
少量のNH₃水を加えた場合はCu(OH)₂として沈殿し，
多量のNH₃水を加えた場合は[Cu(NH₃)₄]²⁺となって再び溶解します。
Cu^{2+}は，NaOH水溶液を多量に加えても
OH⁻と錯イオンをつくることはないので注意しましょう！
p.244でも確認した内容ですね。

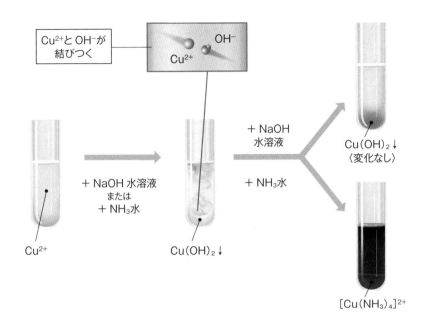

以上を整理しておきましょう！

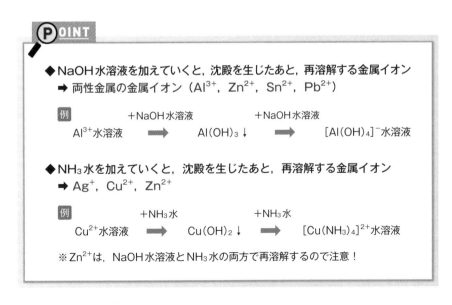

14-4 金属イオンの分離

では，最後に大学入試でよく出題される，
「金属イオンの分離」について考えていきましょう！

Ag^+，Cu^{2+}，Al^{3+}，Zn^{2+}，Ca^{2+} の混合水溶液から
各金属イオンを次の手順で分離していきます。
p.269のフローチャートも確認しながら聞いてください。

手順1 **塩酸を加え，生じた沈殿をろ過する。**

　　　塩酸を加えると，「塩入りの銀杏（p.257）」より，
　　　Ag^+ が Cl^- と結びついて沈殿します。
　　　これをろ過することで，Ag^+ を分離できたことになります。

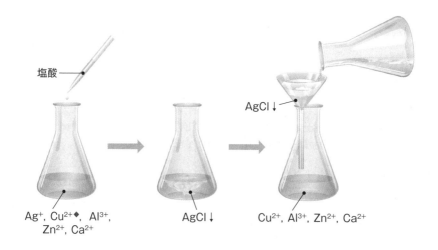

塩酸

AgCl↓

Ag^+, Cu^{2+}◆, Al^{3+}, Zn^{2+}, Ca^{2+}

AgCl↓

Cu^{2+}, Al^{3+}, Zn^{2+}, Ca^{2+}

◆ Cu^{2+}の水溶液は青色を呈している。

手順2 **硫化水素 H₂S を吹き込み，生じた沈殿をろ過する。**

手順1 で塩酸を加えているため，この水溶液は酸性です。
よって，酸性の水溶液に H₂S を吹き込むと，
「イオン化列 "Sn 〜 Au"（p.255）」に含まれている **Cu²⁺が
S²⁻と結びついて沈殿**します。
これをろ過することで，Cu²⁺を分離できたことになります。

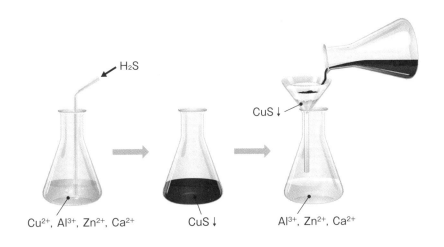

H_2S

CuS↓

Cu^{2+}, Al^{3+}, Zn^{2+}, Ca^{2+}　　　CuS↓　　　Al^{3+}, Zn^{2+}, Ca^{2+}

手順3 **多量のアンモニア NH₃ 水を加え，生じた沈殿をろ過する。**

NH₃水を加えると，
「アルカリ金属，アルカリ土類金属以外すべて」の金属イオンが
OH⁻と結びついて沈殿する（p.256）ので，ここでは，
**アルカリ土類金属の Ca²⁺以外の Al³⁺と Zn²⁺が OH⁻と結びついて
沈殿**します。ただし，ここでは "多量の NH₃ 水" を加えているので，
Zn(OH)₂ は [Zn(NH₃)₄]²⁺ となって再溶解し，
Al(OH)₃ のみが沈殿として残ります。
これをろ過することで，Al³⁺を分離できたことになります。

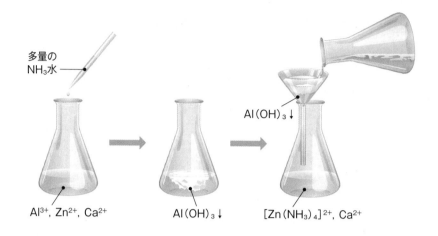

多量の
NH₃水

Al(OH)₃↓

Al³⁺, Zn²⁺, Ca²⁺

Al(OH)₃↓

[Zn(NH₃)₄]²⁺, Ca²⁺

$$\boxed{\text{手順4}}\quad \text{硫化水素 } H_2S \text{ を吹き込み，生じた沈殿をろ過する。}$$

$\boxed{\text{手順3}}$ で多量の NH_3 水を加えているため，
この水溶液は塩基性です。
よって，塩基性の水溶液に H_2S を吹き込むと，
「イオン化列 "Al 〜 Au"（p.255）」に含まれている **Zn²⁺が**
S²⁻と結びついて沈殿します。
これをろ過することで，Zn^{2+} を分離できたことになります。

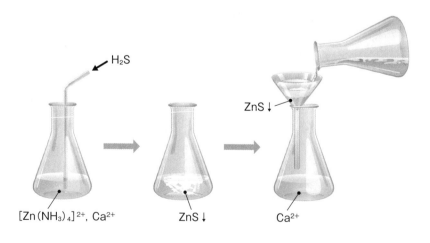

H₂S

ZnS↓

[Zn(NH₃)₄]²⁺, Ca²⁺

ZnS↓

Ca²⁺

（NH₄)₂CO₃水溶液を加えると，「炭酸飲んだおバカ（p.258）」より，

Ca²⁺がCO₃²⁻と結びついて沈殿します。

これをろ過することで，Ca²⁺を分離できたことになります。

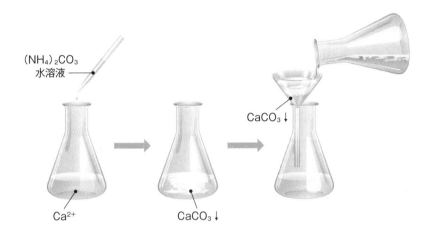

この分離操作をまとめると，次のようになります！

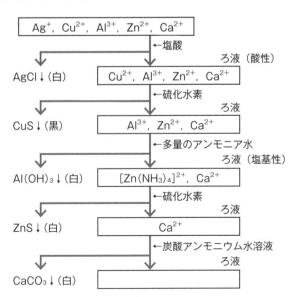

Chapter 14　一問一答

■ 金属イオンの沈殿

□□□　(1) 金属イオンAを含む水溶液に希塩酸を加えると，白色沈殿が生じた。金属イオンAとして考えられるイオンをイオン式で2つ答えよ。

□□□　(2) (1)で得られた沈殿は熱湯に溶解した。この沈殿の化学式を答えよ。

□□□　(3) Fe^{3+}，Al^{3+}，Ba^{2+}を含む水溶液に希硫酸を加えると，白色沈殿が生じた。この沈殿の化学式を答えよ。

□□□　(4) 金属イオンBを含む水溶液にクロム酸カリウム水溶液を加えると，暗赤色沈殿が生じた。金属イオンBとして考えられるイオンをイオン式で答えよ。

□□□　(5) クロム酸イオンを含む水溶液に希硫酸を加えると，どのような変化が起こるか。簡潔に説明せよ。

□□□　(6) Na^+，Cu^{2+}，Zn^{2+}を含む酸性水溶液に硫化水素を通じると，沈殿が生じた。この沈殿の化学式を答えよ。

□□□　(7) Cu^{2+}，Fe^{3+}，Al^{3+}が水酸化物イオンOH^-と沈殿をつくるとき，それぞれ何色になるか答えよ。

■ 錯イオン

□□□　(1) アンモニアNH_3を配位子とする金属イオンをイオン式で3つ答えよ。

□□□　(2) 水酸化物イオンOH^-と亜鉛イオンZn^{2+}からなる錯イオンのイオン式，名称，形を答えよ。

□□□　(3) アンモニアNH_3を配位子とした錯イオンのうち，水溶液が深青色となる錯イオンのイオン式，名称，形を答えよ。

□□□　(4) シアン化物イオンCN^-と鉄(Ⅲ)イオンFe^{3+}からなる錯イオンのイオン式，名称，形を答えよ。

□□□　(5) Na^+，Ag^+，Al^{3+}を含む水溶液に，アンモニア水を過剰に加えたときに得られる沈殿の化学式を答えよ。

□□□　(6) Fe^{3+}，Zn^{2+}，Al^{3+}を含む水溶液に，水酸化ナトリウム水溶液を過剰に加えたときに得られる沈殿の化学式を答えよ。

解 答

1 金属イオンの沈殿

(1) Ag^+, Pb^{2+}

▶ p.251

(2) $PbCl_2$

▶ p.251

(3) $BaSO_4$

▶ p.252

(4) Ag^+

▶ p.252

(5) クロム酸イオン $CrO_4{}^{2-}$ がニクロム酸イオン $Cr_2O_7{}^{2-}$ になるため、水溶液が黄色から橙赤色に変化する。

▶ p.253

(6) CuS

▶ p.255

(7) Cu^{2+} の沈殿……青白色, Fe^{3+} の沈殿……赤褐色, Al^{3+} の沈殿……白色

▶ p.256

2 錯イオン

(1) Ag^+, Cu^{2+}, Zn^{2+}

▶ p.262

(2) イオン式…… $[Zn(OH)_4]^{2-}$,
名称……テトラヒドロキシド亜鉛(II)酸イオン, 形……正四面体形

▶ p.262

(3) イオン式…… $[Cu(NH_3)_4]^{2+}$,
名称……テトラアンミン銅(II)イオン, 形……正方形

▶ p.262

(4) イオン式…… $[Fe(CN)_6]^{3-}$,
名称……ヘキサシアニド鉄(III)酸イオン, 形……正八面体形

▶ p.263

(5) $Al(OH)_3$
※ Na^+(アルカリ金属)は OH^- と沈殿をつくらず, Ag^+ は錯イオン $[Ag(NH_3)_2]^+$ となって溶解する。

▶ p.262
▶ p.263
▶ p.264

(6) $Fe(OH)_3$
※ Zn^{2+} と Al^{3+} は, それぞれ錯イオン $[Zn(OH)_4]^{2-}$, $[Al(OH)_4]^-$ となって溶解する。

▶ p.256
▶ p.263
▶ p.265

金属イオンの分析

Chapter 14

確認テスト

問1 Ag^+，Zn^{2+}，Pb^{2+}，Cu^{2+}，Fe^{3+}の金属イオンが含まれる混合水溶液について，下図の流れに沿って金属イオンの分離を行った。このとき，下の問いに答えよ。

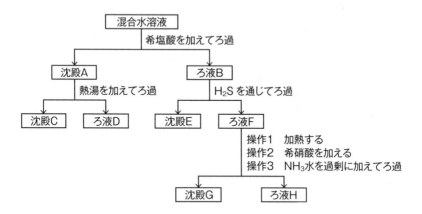

(1) 沈殿C，沈殿E，沈殿Gの化学式と色を答えよ。

(2) ろ液Dにクロム酸カリウム水溶液を加えたところ，沈殿Iが生じた。沈殿Iの化学式と色を答えよ。

(3) ろ液Hに溶解している錯イオンの化学式，名称，形を答えよ。

(4) 図中の操作1と操作2を行う理由を，それぞれ簡潔に説明せよ。

問1 (1) 金属イオンの分離の流れをまとめると，下図のようになります。

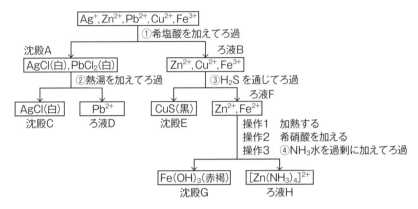

① p.257 の「塩入りの銀杏」より，Ag^+とPb^{2+}がCl^-と結びついて沈殿します。

② $PbCl_2$は熱湯に溶けて，再びPb^{2+}とCl^-に分かれます。

③ ろ液Bは，直前で希塩酸を加えているため酸性です。よって，イオン化列"Sn〜Au"（p.255）より，Cu^{2+}がS^{2-}と結びついて沈殿します。

④ アルカリ金属とアルカリ土類金属以外のZn^{2+}とFe^{3+}がOH^-と結びついて沈殿します。ただし，「過剰のNH_3水」なので，$Zn(OH)_2$は$[Zn(NH_3)_4]^{2+}$となって再溶解します。

答 沈殿C：**AgCl，白色**　沈殿E：**CuS，黒色**　沈殿G：**Fe(OH)₃，赤褐色**

(2) p.258 の「黒オウム銀行のバイト怠ける」より，Pb^{2+}はCrO_4^{2-}と結びついて沈殿するとわかります。　**答** **$PbCrO_4$，黄色**

(3) ろ液Hに溶解している錯イオンの化学式，名称，形は，それぞれ次のとおりです。

答 化学式：**$[Zn(NH_3)_4]^{2+}$**　名称：**テトラアンミン亜鉛(Ⅱ)イオン**
形：**正四面体形**

(4) ろ液BにH_2Sを通じた際，H_2Sの還元作用によって，Fe^{3+}はFe^{2+}に還元されます。よって，Fe^{2+}を再びFe^{3+}に戻すために，操作1と操作2を行います。具体的には，加熱することで気体のH_2Sを取り除き，酸化剤として希硝酸を加えることでFe^{2+}をFe^{3+}に酸化します。

答 操作1：**溶液中のH_2Sを取り除くため。**
操作2：**H_2SによってFe^{2+}に還元された鉄イオンを，再びFe^{3+}に酸化するため。**

Check Point

入試でよく問われる要点を整理しよう!!

正答数

1回目	2回目	3回目
☐	☐	☐

全30問

Chapter 10　アルカリ金属

☐☐☐　1. H 以外の 1 族元素をまとめて何という？　▶p.182

☐☐☐　2. 1. の元素の単体は，どのように製造される？　▶p.184

☐☐☐　3. 1. の元素の単体は，どのように保存する？　▶p.185

☐☐☐　4. 物質を空気中に放置すると水蒸気を吸収し，溶解してしまう現象を何という？　▶p.187

☐☐☐　5. 水酸化ナトリウムはどのように製造される？　▶p.188

☐☐☐　6. 水和物を空気中に放置すると，水和水の一部を失う現象を何という？　▶p.190

☐☐☐　7. 炭酸ナトリウムの工業的製法を何という？　▶p.191

Chapter 11　2族元素

☐☐☐　8. Be と Mg 以外の 2 族元素をまとめて何という？　▶p.198

☐☐☐　9. 8. の元素と Mg について，違いをまとめた下の表を埋めてみて！　▶p.199

	炎色反応	水との反応	水酸化物	炭酸塩	硫酸塩
Mg	＿＿＿＿	＿＿＿と反応	＿＿塩基	水に＿溶	水に＿＿溶
8. の元素	＿＿＿＿	＿＿＿と反応	＿＿塩基	水に＿溶	水に＿＿溶

☐☐☐　10. 石灰岩，大理石，貝殻などの主成分の化学式は？　▶p.199

☐☐☐　11. 水酸化カルシウムの別名と，その飽和水溶液の名前を答えてみて！　▶p.200

☐☐☐　12. 酸化カルシウムの別名は？　▶p.201

☐☐☐　13. 硫酸カルシウム二水和物の別名は？　また，それを加熱すると何になる？　▶p.202

☐☐☐　14. 塩化カルシウムの利用例を挙げてみて！　▶p.203

Chapter 12　アルミニウム

☐☐☐　15. アルミニウムの単体は○○○○○○という鉱物から得られる。○○○○○○に入る言葉は？　▶p.208

☐☐☐　16. 酸化アルミニウムの別名は？　▶p.208

☐☐☐ 17. アルミニウムの単体を得るときは，水溶液の電気分解ではなく，溶融塩電解を行う。その理由は？ ▶ p.209

☐☐☐ 18. アルミニウムの単体を得るために溶融塩電解を行うとき，酸化アルミニウムと○○○を一緒に融解する。○○○に入る言葉は？ ▶ p.209

☐☐☐ 19. アルミニウムの単体を濃硝酸に加えると，表面にち密な酸化被膜を形成し内部を保護する状態となる。この状態を何という？　また，表面の酸化被膜を人工的につくったものを何という？ ▶ p.212

☐☐☐ 20. Al，Zn，Sn，Pb などの元素を何という？ ▶ p.213

☐☐☐ 21. 硫酸カリウムと硫酸アルミニウムの混合水溶液を濃縮すると何が得られる？　また，このように2種類以上の塩が合体したような塩を何という？ ▶ p.221

Chapter 13　遷移元素

☐☐☐ 22. 約4%の炭素を含んだ硬くてもろい鉄を何という？ ▶ p.231

☐☐☐ 23. トタンは鉄を○○でメッキしたもの，ブリキは鉄を□□でメッキしたもの。○○と□□に入る元素名は？ ▶ p.232

☐☐☐ 24. Fe^{2+} を含む水溶液にヘキサシアニド鉄(Ⅲ)酸カリウム水溶液を加えるとどうなる？ ▶ p.235

☐☐☐ 25. 粗銅から純銅を得るために行う電気分解を何という？ ▶ p.240

☐☐☐ 26. 黄銅，青銅，白銅はそれぞれ銅と何の合金？ ▶ p.241

Chapter 14　金属イオンの分析

☐☐☐ 27. 硫化物イオンと反応させたとき，酸性では沈殿しないが，中性，塩基性で沈殿する金属イオンは？ ▶ p.254

☐☐☐ 28. 各陰イオンと反応して沈殿をつくる金属イオンに関する下の表を埋めてみて！ ▶ p.257

陰イオン	金属イオン		
Cl^-	_____	_____	
$SO_4{}^{2-}$	_____	_____	
$CrO_4{}^{2-}$	_____	_____	_____
$CO_3{}^{2-}$	_____		

☐☐☐ 29. 水溶液に多量の水酸化ナトリウム水溶液を加えたときに，沈殿を生じたあと，再溶解する金属イオンは何？ ▶ p.265

☐☐☐ 30. 水溶液に多量のアンモニア水を加えたときに，沈殿を生じたあと，再溶解する金属イオンは何？ ▶ p.265

おわりに

「無機化学」を学習し終えた皆さん，お疲れ様でした。
覚えることが多くて大変だったと思います。
僕自身も無機化学をはじめて学習したときは，
「これ，全部覚えるの！？」，「自分には覚えられない……。」
と弱気になった記憶があります（笑）。

でも今，化学を教える立場になってつくづく思うことは，
はじめはみんな無知であるということです。

僕を含め，皆さんの学校の先生や志望大学に合格した先輩たちも，
最初から無機化学の知識があったわけではありません。
はじめのうちは「覚えることが多くて大変だなぁ……。」と苦労していたのです。
それでも，無機化学に触れる時間が長くなるにつれて，
その知識が自分のものになっていったのです。

ですから皆さんもくじけずに，
「今週は"Chapter○○"だけを完璧にしよう！」などと目標を定め，
毎日少しずつでもいいので前進していってください！

最後になりましたが，本書を通じて無機化学の内容を皆さんに伝えられたことを
大変うれしく思います。
僕は，授業や執筆など色々な形で
自分が学んできた「化学の世界」について
将来社会を担う若者に伝えるこの仕事に誇りをもっています。
本書が皆さんのお役に立てることを，心より願っています。
頑張ってください！

岸 良祐

巻末 暗記事項まとめ

「無機化学」を学習するうえで，覚えておきたいことを以下にまとめました。
本編で学習した内容もありますが，もう一度知識の確認をしましょう。

1 金属の製法

金属	製造の流れ		
アルミニウム	ボーキサイト （主成分 $Al_2O_3 \cdot nH_2O$） ➡	酸化アルミニウム （アルミナ）	溶融塩電解 ➡ アルミニウム
鉄	鉄鉱石 （鉄の酸化物） ➡	銑鉄 （約4%の炭素を含む） ➡	鋼 （約0.02～2%の炭素を含む）
銅	黄銅鉱 （主成分 $CuFeS_2$） ➡	粗銅 （純度約99%）	電解精錬 ➡ 純銅

2 物質の工業的製法

物質	製法の名称	反応式（触媒）
硫酸	接触法	① $S + O_2 \rightarrow SO_2$ ② $2SO_2 + O_2 \xrightarrow{(V_2O_5)} 2SO_3$ ③ $SO_3 + H_2O \rightarrow H_2SO_4$ ①～③をまとめた全体の反応式 ➡ $2S + 3O_2 + 2H_2O \rightarrow 2H_2SO_4$
アンモニア	ハーバー・ボッシュ法	$N_2 + 3H_2 \xrightarrow{(Fe_3O_4)} 2NH_3$
硝酸	オストワルト法	① $4NH_3 + 5O_2 \xrightarrow{(Pt)} 4NO + 6H_2O$ ② $2NO + O_2 \rightarrow 2NO_2$ ③ $3NO_2 + H_2O \rightarrow 2HNO_3 + NO$ ①～③をまとめた全体の反応式 ➡ $NH_3 + 2O_2 \rightarrow HNO_3 + H_2O$
炭酸ナトリウム	アンモニアソーダ法	① $NaCl + H_2O + NH_3 + CO_2$ $\rightarrow NaHCO_3 + NH_4Cl$ ② $2NaHCO_3 \rightarrow Na_2CO_3 + H_2O + CO_2$ ③ $CaCO_3 \rightarrow CaO + CO_2$ ④ $CaO + H_2O \rightarrow Ca(OH)_2$ ⑤ $2NH_4Cl + Ca(OH)_2$ $\rightarrow CaCl_2 + 2H_2O + 2NH_3$ ①～⑤をまとめた全体の反応式 ➡ $2NaCl + CaCO_3 \rightarrow Na_2CO_3 + CaCl_2$

3 合金の種類と特徴

合金	成分 (赤字…主元素)	特徴	主な用途
ジュラルミン	**Al**, Cu, Mgなど	軽量で丈夫	飛行機の機体
ステンレス鋼	**Fe**, Cr, Niなど	さびにくい	台所用品
黄銅（真鍮）	**Cu**, Zn	黄色光沢をもつ	金管楽器
青銅（ブロンズ）	**Cu**, Sn	さびにくい	美術品
白銅	**Cu**, Ni	白色光沢をもつ	50円硬貨, 100円硬貨
無鉛はんだ	**Sn**, Ag, Cuなど	融点が適度に低い（300℃以下）	金属接合剤
アマルガム	**Hg**, その他の金属	固まりやすく溶けやすい	歯科修復材料◆
ニクロム	**Ni**, Crなど	電気抵抗が大きい	ドライヤー
形状記憶合金	Ti, Niなど	変形しても加熱などで，もとの形に戻る	メガネのフレーム

4 試薬の保存法

試薬	保存法
フッ化水素酸	ポリエチレン容器に保存する。
硝酸	褐色びんに入れて冷暗所で保存する。
黄リン	水中に保存する。
アルカリ金属の単体	灯油または石油中に保存する。

◆ 水銀の毒性により，近年はあまり使用されていない。

水酸化ナトリウム水溶液	プラスチック製の容器に保存する。 （短期的な保存であれば，ガラスびんを用いることもあるが，ゴム栓で密栓する。）

知っておきたい セラミックス

→ケイ砂，石灰石，粘土などの無機物質を焼き固めて作られる固体材料

Ⓐ 色々なセラミックス（窯業製品）

名称	ガラス	セメント	陶磁器
原料	・ケイ砂など （主成分 SiO_2） ※表Ⓑ参照	・石灰石 （主成分 $CaCO_3$） ・粘土 ・セッコウ （$CaSO_4 \cdot 2H_2O$）	・粘土 ・陶土 （良質の粘土）
特徴	・非晶質◆ （アモルファス） ・一定の融点がなく，加熱すると次第に軟化する →成形や加工が容易	・水を加えて練ると発熱しながら反応して固化する ・建築材料として利用 ・コンクリート →セメントに砂，砂利を加えて固めたもの	・原料や焼成温度によって土器，陶器，磁器に分類される ※表Ⓒ参照

◆ 構成粒子が不規則に配列した固体物質。なお，構成粒子が規則的に配列した固体を結晶という。

❸ ガラスの分類

名称	ソーダ石灰ガラス	石英ガラス	ホウケイ酸ガラス	鉛ガラス
主な原料	・ケイ砂 ・炭酸ナトリウム ・石灰石	・ケイ砂	・ケイ砂 ・ホウ砂 　($Na_2B_4O_7$・$10H_2O$)	・ケイ砂 ・炭酸カリウム ・酸化鉛(II)
特徴	・安価 ・断面が青色を帯びている ・原料の炭酸ナトリウムはアンモニアソーダ法で製造される　▶p.191	・薬品や熱に強い ・光の透過性が大きい	・薬品や熱に強い ・急な温度変化に強い	・光の屈折率が大きい
用途	・窓ガラス ・ガラス容器	・実験器具 ・光ファイバー　▶p.140	・実験器具	・光学レンズ

❹ 陶磁器の分類

名称	土器	陶器	磁器
原料	粘土	陶土，石英	陶土，石英，長石
焼成温度	700〜900℃	1100〜1300℃	1300〜1500℃

索引
INDEX

MEMO

大学受験　実力講師シリーズ

岸の化学をはじめからていねいに【無機化学編】

発行日：2020年　7月26日 初版発行
　　　　2023年　2月 3 日 第2版発行

著者：**岸良祐**
発行者：**永瀬昭幸**

編集担当：河合桃子
発行所：株式会社ナガセ
〒180-0003 東京都武蔵野市吉祥寺南町1-29-2
出版事業部（東進ブックス）
TEL:0422-70-7456　FAX:0422-70-7457
URL:http://www.toshin.com/books/（東進WEB書店）
※本書を含む東進ブックスの最新情報は、東進WEB書店をご覧ください。

校正協力：清水梨愛　土屋岳弘　戸枝達紀　松下未歩

カバーデザイン：山口勉
カバーイラスト（影絵）：新谷圭子
本文デザイン・図版・DTP：株式会社ダイヤモンド・グラフィック社
イラスト：李大石
印刷・製本：シナノ印刷株式会社

合格の秘訣 1 全国屈指の実力講師陣

東進の実力講師陣
数多くのベストセラー参考書を執筆!!

東進ハイスクール・東進衛星予備校では、そうそうたる講師陣が君を熱く指導する!

本気で実力をつけたいと思うなら、やはり根本から理解させてくれる一流講師の授業を受けることが大切です。東進の講師は、日本全国から選りすぐられた大学受験のプロフェッショナル。何万人もの受験生を志望校合格へ導いてきたエキスパート達です。

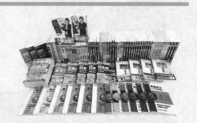

英語

日本を代表する英語の伝道師。ベストセラーも多数。

安河内 哲也先生
[英語]

予備校界のカリスマ。抱腹絶倒の名講義を見逃すな。
今井 宏先生
[英語]

「スーパー速読法」で難解な長文問題の速読即解を可能にする「予備校界の達人」!
渡辺 勝彦先生
[英語]

雑誌『TIME』やベストセラーの翻訳も手掛け、英語界でその名を馳せる実力講師。
宮崎 尊先生
[英語]

情熱あふれる授業で、知らず知らずのうちに英語が得意教科に!
大岩 秀樹先生
[英語]

国際的な英語資格(CELTA)に、全世界の上位5%(Pass A)で合格した世界基準の英語講師。
武藤 一也先生
[英語]

関西の実力講師が、全国の東進生に「わかる」感動を伝授。
慎 一之 先生
[英語]

数学

数学を本質から理解できる本格派講義の完成度は群を抜く。

志田 晶先生
[数学]

「ワカル」を「デキル」に変える新しい数学は、君の思考力を刺激し、数学のイメージを覆す!

松田 聡平先生
[数学]

予備校界を代表する数学による魔法のような感動講義を東進で!
河合 正人先生
[数学]

短期間で数学力を徹底的に養成、知識を統一・体系化する!

沖田 一希先生
[数学]

国語

「脱・字面読み」トレーニングで、「読む力」を根本から改革する！

輿水 淳一先生
[現代文]

明快な構造板書と豊富な具体例で必ず君を納得させる！「本物」を伝える現代文の新鋭。

西原 剛先生
[現代文]

東大・難関大志望者から絶大なる信頼を得る本質の指導を追究。

栗原 隆先生
[古文]

ビジュアル解説で古文を簡単明快に解き明かす実力講師。

富井 健二先生
[古文]

縦横無尽な知識に裏打ちされた立体的な授業に、グングン引き込まれる！

三羽 邦美先生
[古文・漢文]

幅広い教養と明解な具体例を駆使した緩急自在の講義。漢文が身近になる！

寺師 貴憲先生
[漢文]

文章で自分を表現できれば、受験も人生も成功できます。「笑顔と努力」で合格を！

石関 直子先生
[小論文]

理科

丁寧で色彩豊かな板書と詳しい講義で生徒を惹きつける。

宮内 舞子先生
[物理]

化学現象の基本を疑い化学全体を見通す "伝説の講義"

鎌田 真彰先生
[化学]

明朗快活な楽しい講義で、必ず「化学」が好きになる。

立脇 香奈先生
[化学]

全国の受験生が絶賛するその授業は、わかりやすさそのもの！

田部 眞哉先生
[生物]

地歴公民

入試頻出事項に的を絞った「表解板書」は圧倒的な信頼を得る。

金谷 俊一郎先生
[日本史]

つねに生徒と同じ目線に立って、入試問題に対する的確な思考法を教えてくれる。

井之上 勇先生
[日本史]

"受験世界史に荒巻あり" といわれる超実力人気講師。

荒巻 豊志先生
[世界史]

世界史を「暗記」科目だなんて言わせない。正しく理解すれば必ず伸びることを一緒に体感しよう。

加藤 和樹先生
[世界史]

わかりやすい図解と統計の説明に定評。

山岡 信幸先生
[地理]

政治と経済のメカニズムを論理的に解明しながら、入試頻出ポイントを明確に示す。

清水 雅博先生
[公民]

「今」を知ることは「未来」の扉を開くこと。受験に留まらず、目標を高く、そして強く持て！

執行 康弘先生
[公民]

映像によるIT授業を駆使した最先端の勉強法
高速学習

一人ひとりの レベル・目標にぴったりの授業

東進はすべての授業を映像化しています。その数およそ1万種類。これらの授業を個別に受講できるので、一人ひとりの授業をレベル・目標に合った学習が可能です。1.5倍速受講ができるほか自宅からも受講できるので、今までにない効率的な学習が実現します。

現役合格者の声

東京大学 理科一類
大宮 拓朝くん
東京都立 武蔵高校卒

得意な科目は高2のうちに入試範囲を修了したり、苦手な科目を集中的に取り組んだり、自分の状況に合わせて早め早めの対策ができました。林修先生をはじめ、実力講師陣の授業はおススメです。

1年分の授業を 最短2週間から1カ月で受講

従来の予備校は、毎週1回の授業。一方、東進の高速学習なら毎日受講することができます。だから、1年分の授業も最短2週間から1カ月程度で修了可能。先取り学習や苦手科目の克服、勉強と部活との両立も実現できます。

先取りカリキュラム

	高1	高2	高3
東進の学習方法	高1生の学習 → 高2生の学習 → 高3生の学習		受験勉強
	高2のうちに受験全範囲を修了する		
従来の学習方法（公立高校の場合）	高1生の学習 →	高2生の学習 →	高3生の学習

目標まで一歩ずつ確実に
スモールステップ・ パーフェクトマスター

高校入門から最難関大までの12段階から自分に合ったレベルを選ぶことが可能です。「簡単すぎる」「難しすぎる」といったことがなく、志望校へ最短距離で進みます。
授業後すぐに確認テストを行い内容が身についたかを確認し、合格したら次の授業に進むので、わからない部分を残すことはありません。短期集中で徹底理解をくり返し、学力を高めます。

自分にぴったりのレベルから学べる 習ったことを確実に身につける

現役合格者の声

一橋大学 商学部
伊原 雪乃さん
千葉県 私立 市川高校卒

高1の「共通テスト同日体験受験」をきっかけに東進に入学しました。毎回の授業後に「確認テスト」があるおかげで、授業に自然と集中して取り組むことができました。コツコツ勉強を続けることが大切です。

パーフェクトマスターのしくみ

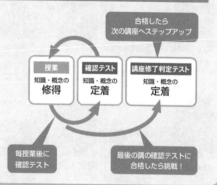

徹底的に学力の土台を固める

高速マスター 基礎力養成講座

東進公式スマートフォンアプリ

東進式マスター登場！
（英単語／英熟語／英文法／基本例文）

スマートフォンアプリでスキマ時間も徹底活用！

高速マスター基礎力養成講座は「知識」と「トレーニング」の両面から、効率的に短期間で基礎学力を徹底的に身につけるための講座です。英単語をはじめとして、数学や国語の基礎項目も効率よく学習できます。オンラインで利用できるため、校舎だけでなく、スマートフォンアプリで学習することも可能です。

1）スモールステップ・パーフェクトマスター！
頻出度（重要度）の高い英単語から始め、1つのSTAGE（計100語）を完全修得すると次のSTAGEに進めるようになります。

2）自分の英単語力が一目でわかる！
トップ画面に「修得語数・修得率」をメーター表示。自分が今何語修得しているのか、どこを優先的に学習すべきなのか一目でわかります。

3）「覚えていない単語」だけを集中攻略できる！
未修得の単語、または「My単語（自分でチェック登録した単語）」だけをテストする出題設定が可能です。
すでに覚えている単語を何度も学習するような無駄を省き、効率良く単語力を高めることができます。

現役合格者の声

早稲田大学 法学部
小松 朋生くん
埼玉県立 川越高校卒

サッカー部と両立しながら志望校に合格できました。それは「高速マスター基礎力養成講座」に全力で取り組んだおかげだと思っています。スキマ時間でも、机に座って集中してでもできるおススメのコンテンツです。

共通テスト対応 英単語1800

共通テスト対応 英熟語750

英文法750

英語基本例文300

「共通テスト対応英単語1800」2022年共通テストカバー率99.5%！

君の合格力を徹底的に高める

志望校対策

大学受験に必須の演習

■過去問演習講座

第一志望校突破のために、志望校対策にどこよりもこだわり、合格力を徹底的に極める質・量ともに抜群の学習システムを提供します。従来からの「過去問演習講座」に加え、AIを活用した「志望校別単元ジャンル演習講座」、「第一志望校対策演習講座」で合格力を飛躍的に高めます。東進が持つ大学受験に関するビッグデータをもとに、個別対応の演習プログラムを実現しました。限られた時間の中で、君の得点力を最大化します。

1. 最大10年分の徹底演習
2. 厳正な採点、添削指導
3. 5日以内のスピード返却
4. 再添削指導で着実に得点力強化
5. 実力講師陣による解説授業

東進×AIでかつてない志望校対策

■志望校別単元ジャンル演習講座

過去問演習講座の実施状況や、東進模試の結果など、東進で活用したすべての学習履歴をAIが総合的に分析。学習の優先順位をつけ、志望校別に「必勝必達演習セット」として十分な演習問題を提供します。問題は東進が分析した、大学入試問題の膨大なデータベースから提供されます。苦手を克服し、一人ひとりに適切な志望校対策を実現する日本初の学習システムです。

現役合格者の声

東京工業大学 環境・社会理工学院
小林 杏彩さん
東京都 私立 豊島岡女子学園高校卒

志望校を高1の頃から決めていて、高3の夏以降は目標をしっかり持って「過去問演習」、「志望校別単元ジャンル演習講座」を進めていきました。苦手教科を克服するのに役立ちました。

志望校合格に向けた最後の切り札

■第一志望校対策演習講座

第一志望校の総合演習に特化し、大学が求める解答力を身につけていきます。対応大学は校舎にお問い合わせください。

合格の秘訣3 東進模試

申込受付中
※お問い合わせ先は付録7ページをご覧ください。

学力を伸ばす模試

■ **本番を想定した「厳正実施」**
統一実施日の「厳正実施」で、実際の入試と同じレベル・形式・試験範囲の「本番レベル」模試。相対評価に加え、絶対評価で学力の伸びを具体的な点数で把握できます。

■ **12大学のべ35回の「大学別模試」の実施**
予備校界随一のラインアップで志望校に特化した"学力の精密検査"として活用できます（同日体験受験を含む）。

■ **単元・ジャンル別の学力分析**
対策すべき単元・ジャンルを一覧で明示。学習の優先順位がつけられます。

■ **中5日で成績表返却**
WEBでは最短中3日で成績を確認できます。
※マーク型の模試のみ

■ **合格指導解説授業**
模試受験後に合格指導解説授業を実施。重要ポイントが手に取るようにわかります。

東進模試 ラインアップ 〔2022年度〕

共通テスト本番レベル模試　年4回
受験生 高2生 高1生 ※高1は難関大志望者

高校レベル記述模試　年2回
高2生 高1生

全国統一高校生テスト ●問題は学年別　年2回
高3生 高2生 高1生

全国統一中学生テスト ●問題は学年別　年2回
中3生 中2生 中1生

早慶上理・難関国公立大模試　年5回
受験生

全国有名国公私大模試　年5回
受験生

共通テスト本番レベル模試との総合評価※

東大本番レベル模試 受験生　各4回
高2東大本番レベル模試
高2生 高1生

※ 最終回が共通テスト後の受験となる模試は、共通テスト自己採点との総合評価となります。
※ 2022年度に実施予定の模試は、今後の状況により変更する場合があります。最新の情報はホームページでご確認ください。

京大本番レベル模試　年4回
受験生

北大本番レベル模試　年2回
受験生

東北大本番レベル模試　年2回
受験生

名大本番レベル模試　年3回
受験生

阪大本番レベル模試　年3回
受験生

九大本番レベル模試　年3回
受験生

共通テスト本番レベル模試との総合評価※

東工大本番レベル模試　年2回
受験生

一橋大本番レベル模試　年2回
受験生

千葉大本番レベル模試　年1回
受験生

神戸大本番レベル模試　年1回
受験生

広島大本番レベル模試　年1回
受験生

共通テスト本番レベル模試との総合評価※

大学合格基礎力判定テスト　年4回
受験生 高2生 高1生

共通テスト同日体験受験　年1回
高2生 高1生

東大入試同日体験受験　年1回
高2生 高1生 ※高1は意欲ある東大志望者

東北大入試同日体験受験　年1回
高2生 高1生 ※高1は意欲ある東北大志望者

名大入試同日体験受験　年1回
高2生 高1生 ※高1は意欲ある名大志望者

医学部82大学判定テスト　年2回
受験生

中学学力判定テスト　年4回
中2生 中1生

2022年東進生大勝利！
東大・難関大 現役合格 史上最高！続出

東大 現役合格 日本一！※1 853名

史上最高！

現役生のみ！講習生含まず！

昨対 +37名

文科一類	138名	理科一類	310名
文科二類	111名	理科二類	120名
文科三類	105名	理科三類	36名
		学校推薦	33名

※1 東大現役合格者実績をホームページ・パンフレット・チラシ等の公表していない予備校2社と集計。※2021年HDとは異なる。

学校推薦型選抜も東進！ 33名 昨対+10名 現役推薦合格者の38.3%が東進生！

東進生 現役占有率 38.0%

現役合格者の38.0%が東進生！※2

※2 2022の東大全体の現役合格者は2,241名。東進の現役合格者は853名。東進の占有率は38.0%。現役合格者の2.7人に1人が東進生です。

東進史上最高記録を更新!!

802名 816名 853名
'20 '21 '22

現役生のみ！講習生含まず！

■国公立医・医 1,032名 昨対+45名

史上最高！ 現役生のみ！講習生含まず！

825名 987名 1,032名
'20 '21 '22

現役合格者の29.6%が東進生！

2022年の国公立医学部医学科全体の現役合格者は未公表のため、仮に昨年の現役合格者数(推定)3,478名を分母として東進占有率を算出すると、東進生の占有率は29.6%。現役合格者の3.4人に1人が東進生です。

東進生 現役占有率 29.6%

■早慶 5,678名 昨対+485名

| 早稲田大 | 3,412名 |
| 慶應義塾大 | 2,266名 |

史上最高！ 現役生のみ！講習生含まず！

4,636名 5,193名 5,678名
'20 '21 '22

■上理明青立法中 21,321名 昨対+2,637名

上智大	1,488名	青山学院大	2,111名	法政大	3,848名
東京理科大	2,805名	立教大	2,646名	中央大	3,072名
明治大	5,351名				

史上最高！ 現役生のみ！講習生含まず！

15,871名 18,684名 21,321名
'20 '21 '22

■関関同立 12,633名 昨対+832名

関西学院大	2,621名
関西大	2,752名
同志社大	2,806名
立命館大	4,454名

史上最高！ 現役生のみ！講習生含まず！

10,860名 11,401名 12,633名
'20 '21 '22

■私立医・医 626名 昨対+22名

史上最高！ 現役生のみ！講習生含まず！

550名 604名 626名
'20 '21 '22

■日東駒専 10,011名 史上最高！ 昨対+917名

■産近甲龍 6,085名 史上最高！ 昨対+368名

■国公立大 16,502名 昨対+68名

史上最高！ 現役生のみ！講習生含まず！

15,880名 16,434名 16,502名
'20 '21 '22

■旧七帝大 +東工大・一橋大・神戸大 4,612名 昨対+246名

東京大	853名
京都大	468名
北海道大	438名
東北大	372名
名古屋大	410名
大阪大	617名
九州大	437名
東京工業大	211名
一橋大	251名
神戸大	555名

史上最高！ 現役生のみ！講習生含まず！

4,118名 4,366名 4,612名
'20 '21 '22

■国公立 総合・学校推薦型選抜も東進！

■国公立医・医 302名 昨対+15名

史上最高！

274名 287名 302名
'20 '21 '22

■旧七帝大 +東工大・一橋大・神戸大 415名 昨対+59名

東京大	33名
京都大	15名
北海道大	16名
東北大	114名
名古屋大	80名
大阪大	56名
九州大	27名
東京工業大	2名
一橋大	2名
神戸大	48名

史上最高！

356名 282名 415名
'20 '21 '22

ウェブサイトでもっと詳しく

東進 🔍検索

各大学の合格実績は、東進ネットワーク（東進ハイスクール、東進衛星予備校、早稲田塾）の現役生のみ、高3時在籍者のみの合同実績です。一人で複数合格した場合は、それぞれの合格者数に計上しています。

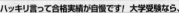

■1 実験中の事故を防止するための注意事項

(1) 危険な薬品の取り扱い（無機物質）

◆ 硝酸，硫酸，塩酸
皮膚に付着すると炎症を起こす危険がある。付着してしまったときは，すぐに多量の水で洗い流す。

◆ 濃硫酸
水に触れると激しく発熱する。希釈するときは，発熱に注意しながら水に濃硫酸を徐々に加えていく。

◆ 水酸化ナトリウム，水酸化カリウム，アンモニア水
皮膚に付着すると，皮膚を腐食する危険がある。付着してしまったときは，すぐに多量の水で洗い流す。

◆ ナトリウム，カリウム
水と接触すると発火する。取り扱いには十分に注意し，石油中に保存する。

(2) 廃液，有毒ガスの取り扱い

◆ 廃液
水銀，カドミウム，銅，鉛，クロム，マンガンなどの重金属イオンを含む溶液は有毒なので，流しに捨てず，指導者の指示に従って廃液用の容器に集める。

◆ 有毒ガス
H_2S，NH_3，Cl_2，SO_2，NO_2，CO，NO といった気体を多量に発生させるときは，ドラフト内であつかう。